室内设计专用系列

中性色搭配手册

[英] 艾莉斯 · 芭珂丽——著

周敏——译

Alice Buckley

THE HOME COLORS SOURCEBOOK: NEUTRALS

中信出版集团 | 北京

图书在版编目（CIP）数据

中性色搭配手册 / (英) 艾莉斯·芭珂丽著 ; 周敏
译. -- 北京 : 中信出版社, 2021.7
（室内设计专用系列）
书名原文: THE HOME COLORS SOURCEBOOK:NEUTRALS
ISBN 978-7-5217-3131-6

Ⅰ. ①中… Ⅱ. ①艾… ②周…Ⅲ.①室内装饰设计
-配色-手册 Ⅳ. ①TU238.23-62

中国版本图书馆 CIP 数据核字 (2021) 第 091108 号

中性色搭配手册
（室内设计专用系列）

著　　者：[英] 艾莉斯 · 芭珂丽
译　　者：周敏
出版发行：中信出版集团股份有限公司
（北京市朝阳区惠新东街甲4号富盛大厦2座　邮编　100029）
承 印 者：北京利丰雅高长城印刷有限公司

开　　本：880mm × 1230mm　1/32　　印　　张：8　　字　　数：57千字
版　　次：2021年7月第1版　　印　　次：2021年7月第1次印刷
京权图字：01-2021-2959
书　　号：ISBN 978-7-5217-3131-6
定　　价：98.00元

目录

如何使用本书

本书包含了200种中性色（又称协调色）配色方案，希望能为想要装潢家庭的读者和室内设计师提供灵感。书中介绍了各类色彩和这些色彩所唤起的情绪，极具参考价值。如果读者想要设计出完美的空间，此书可以帮助你们配色，打造舒适的客厅、时尚迷人的卧室，或光线充足又通风的厨房。

本书首先介绍了20世纪以来人们对中性色的认识、运用，以及中性色对生活的影响。在简明的介绍之后，作者解释了色彩的基本原理，为读者阅读后文奠定了良好的基础。

了解一些色彩原理对读者大有裨益，不过在运用室内配色方案时，关键是要知晓各类色彩与情绪之间的关系。本书在确定色彩选择的影响因素之前，会详细阐述各色系所能唤起的情绪，以及灵感的获取方式与来源。

中性色便于搭配，可塑性强，可以相互重叠、混合与匹配。在本书的“中性色搭配方案”部分，作者总结了大量实用性极强的中性色配色要点，涉及房屋装修和家具配备的各个方面，帮助读者打造完美的中性色空间。

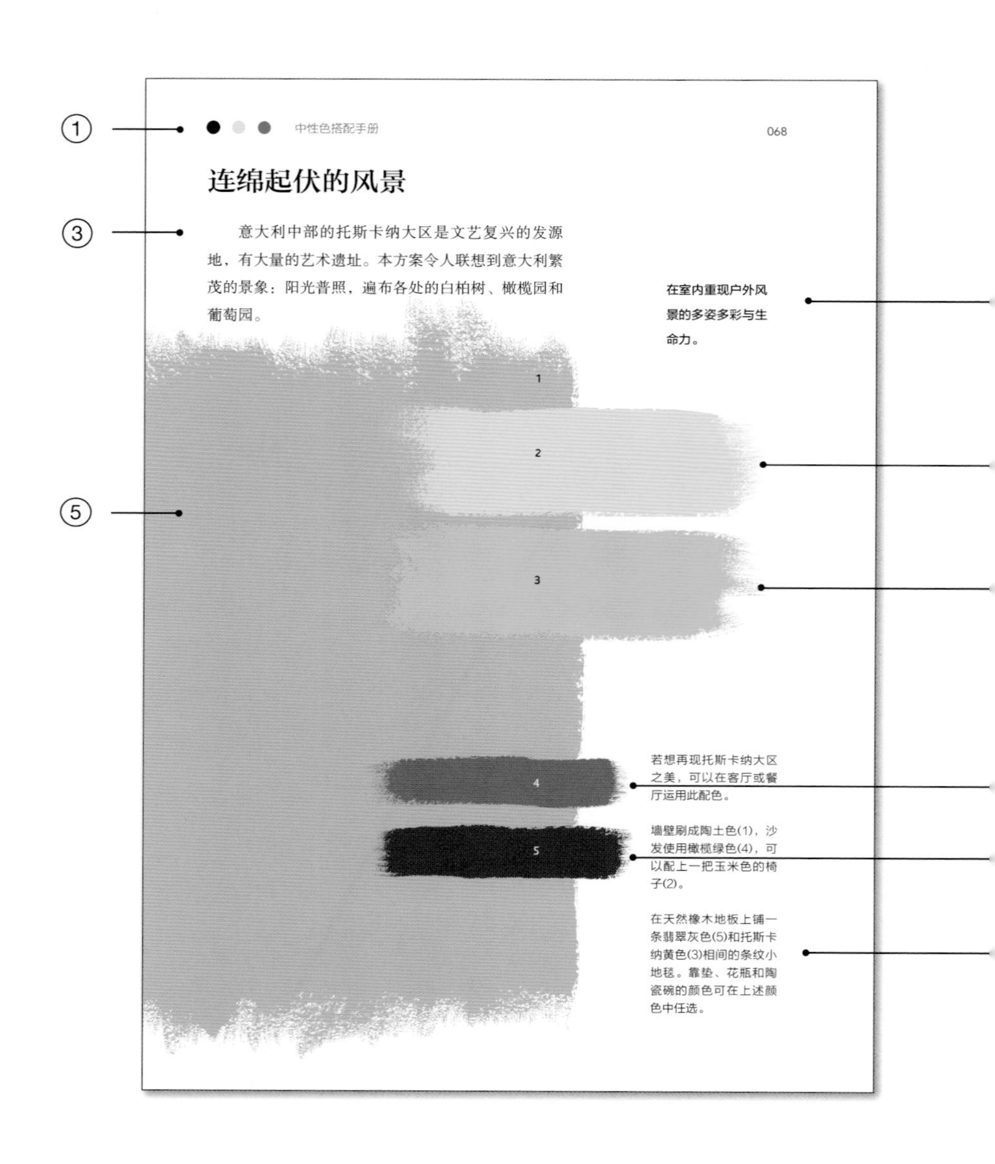
①
③
⑤
中性色搭配手册
068
连绵起伏的风景
意大利中部的托斯卡纳大区是文艺复兴的发源地，有大量的艺术遗址。本方案令人联想到意大利繁茂的景象：阳光普照，遍布各处的白柏树、橄榄园和葡萄园。
在室内重现户外风景的多姿多彩与生命力。
1
2
3
4
5
若想再现托斯卡纳大区之美，可以在客厅或餐厅运用此配色。
墙壁刷成陶土色(1)，沙发使用橄榄绿色(4)，可以配上一把玉米色的椅子(2)。
在天然橡木地板上铺一条翡翠灰色(5)和托斯卡纳黄色(3)相间的条纹小地毯。靠垫、花瓶和陶瓷碗的颜色可在上述颜色中任选。

②

⑥

⑦

④

如何使用配色方案

① 色彩圆点码，与你正在阅读的章节相对应。

② 帮助你想象每个配色方案所营造的氛围。

③ 配色方案的灵感来源。

④ 介绍该室内设计风格中所包含的理论，解析所需的设计材料、饰面、地面所铺材料、家具、装饰品等元素。

⑤ 主色。主色常用于墙壁，尽管有时家具或地面才是房间的焦点。选择一小块区域进行色彩测试，涂料干透后颜色往往会发生略微的变化，所以要等待最终呈现出的色彩效果。如果想要将该色用作房间的主色，建议先观察一两天再做出决定。

⑥ 强调色，可用于墙壁、木制品或装饰织物。用比主色略暗或略浅的色调可以创造出平衡和谐的配色效果，用补色则可以形成对比效果。

⑦ 每个方案都列出了两种强调色，强调色可以是鲜明的，如在浅蓝色的室内环境中放一个红色花瓶；也可以在一组和谐色彩中起平衡作用，如在奶油焦糖色的房间中使用浓巧克力棕色。强调色只是少量使用，但能起到画龙点睛的作用。

前言

一个“家”字，蕴含了无穷的情感，它代表了家人与朋友，为我们遮风挡雨，是我们心中温暖的港湾，因此人们总是希望把家布置得舒适、惬意。

现在，家不仅仅是一个庇护所，它还能起到许多其他的作用。在装修时，人们既要满足基本需求，也要展现个性与追求，并希望给他人留下好印象。这就要求我们正确地使用光线和色彩。光线和色彩无处不在，它们的影响力巨大，甚至能完全改变我们的生活空间。只要掌握了光线与色彩的运用，便能营造房间的不同氛围和舒适度，从而打造出一个既符合自己审美，又能满足自己在功能和情感上所需求的个性化空间。

了解中性色

在我们现有的配色方案中，人们对中性色的了解最少。这些颜色由于没有明显的特色而常常被人们忽视，许多人认为它们仅适用于宾馆或样板间。事实上，中性色大多是由那些没有列在色轮上的颜色变化而来的，如白色、黑色、灰色、棕色和茶色。中性色色彩柔和，运用范围广泛，非常实用。

近年来，中性色十分流行。为了在家中营造宁静的气氛，可以采用柔和、多变的色彩组合，设计出吸引眼球的方案。从卡其色、橄榄绿色、钢灰色等深色和暗色，到灰褐色系里的淡米色和貂皮色系里的淡粉色，都是现代中性色的组成部分。本书呈现了大量配色方案，旨在帮助读者在室内设计中充分利用中性色，根据自己的需求打造出不同氛围的房间。

巧用材质

精心打造的中性色房间配上具有肌理的反光物件，可以营造出高雅的氛围。有质感的软装可以带来赏心悦目的效果，陶瓷制品、有机玻璃桌子以及有特色的镜子能反射光线，有效地利用自然光。

历史上中性色的运用

抛开你的先入之见，中性色并不平淡也不乏味。中性色中的许多色调都可以分出不同的层次，具有不同的对比度和纹理。无论有没有强调色，中性色都可以像色盘里五颜六色的颜色一样给人以深刻的印象，同时它还能给充满压力的生活带来平和的舒适感。

不一定要选现代的中性色来进行设计，20世纪许多不同的装饰风格所用的配色也十分绝妙。在维多利亚时代末期的新艺术风格中，用曲线搭配弱化的天然色调，十分流行。这也是著名建筑师、设计师查尔斯·伦尼·麦金托什的时代，他的黑白理念设计在如今看来依旧时尚。20世纪30年代，现代派脱颖而出，设计观念逐渐进化——银色、黑色、白色的配色搭配黑色皮革和家具，再缀上一些漂亮的动物图案。

图片设计师：山与

风格的变化

风格化图像和几何图形是优雅的装饰艺术风格的典型特征，在20世纪二三十年代最受欢迎。它运用了中性色，将优雅的象牙色和牡蛎色搭配珍珠母、抛光木雕、黑色亮漆、不锈钢和吸人眼球的黑白棋盘格纹油毡地面，尽管整个设计中只有黑白两色，但却十分具有吸引力。20世纪30年代，斯堪的纳维亚的简约实用风格十分流行，用纯天然的淡黄色木材来制作家具，再用淡褐色、亮白色等中性色来搭配一些亮丽的强调色。参与装饰艺术运动中的许多著名设计师，如雅各·布森、阿尔瓦·阿尔托，他们的设计风格现在依旧很流行，瑞典的宜家公司也在不断向大众推广自己的美学观念。

华丽的新艺术

自然流畅的线条，辅以浓郁的奶油色和宝石红色。如果颜色太过复杂，会使设计显得杂乱。

经典建筑

用天然石材、大理石和铁艺打造的建筑不需要过多的装饰品来修饰，可以通过摆放不同种类的花卉来调节房间的气氛。

20世纪50年代，市场上充斥着庸俗的艺术作品、明亮的福米卡家具塑料贴面、冰激凌色的颜料和镀烙产品。夫妻档设计师查尔斯和蕾·伊默斯工作室所出产的家具搭配中性色设计效果很棒，就像20世纪60年代流行的黑白欧普艺术与漂亮的花卉图案碰撞所产生的效果。

强调色

千万不要低估强调色的重要性。如下图的中性色配色设计中，几抹醒目的对比色增添了整体设计的美感，给房间添了不少乐趣。

中性色的运用

中性色可用于绝大多数室内设计方案，但这并不是它们流行至今的唯一原因。时尚一直都在变化，在20世纪80年代，亮色和杂色的搭配很流行；而在20世纪90年代初，简约风格开始盛行。在室内设计中使用中性色，可以给生活带来宁静，同时提亮房间，使空间看上去明亮又宽敞。可以说，光线和空间是提升幸福感的关键因素，中性色在我们当今生活中的重要性不可小觑。

打造对比

在男性化的卧室里摆一盏配有丁香灰色灯罩的玻璃台灯，为暗森林绿色调的房间添了一丝柔和。有质感的靠垫和床单也为本设计添色不少。

色彩理论

无法想象，这个世界上若没有色彩会怎么样。从灿烂的风景、漂亮的小鸟羽毛，到神奇的彩虹、美丽的花朵或盘中的食物，色彩一直在丰富我们的生活。在用中性色进行搭配前，最好了解一些简单的色彩理论。

赫林的色环

艾萨克·牛顿的光谱、彩虹的七色以及托马斯·杨对红绿蓝三原色的发现，为埃瓦尔德·赫林创造色环提供了灵感。他认为黄色是第四种原色，因为除了红绿蓝之外，黄色也属于不能再分解的基本颜色，同时他也把黑色和白色作为原色。赫林把他对色彩的排序法称为“色彩感觉的自然系统”。如今，该系统逐渐发展成自然颜色系统（NCS），被普遍用作色彩搭配的工具。

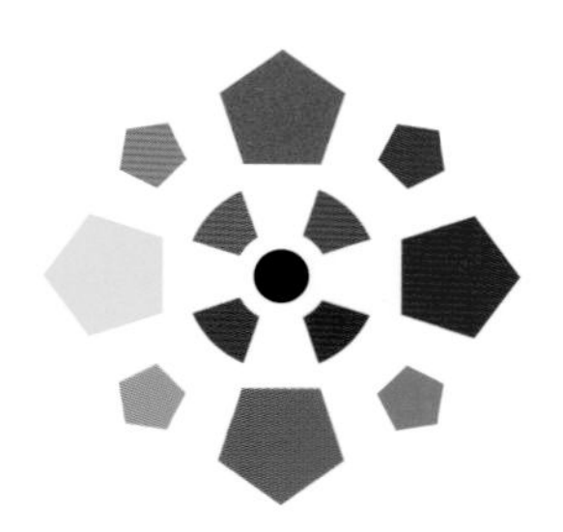

赫林色环

1878年，德国生理学家埃瓦尔德·赫林发明了四原色色环。里圈的棕色是附加色，将四原色不同比例地混合便能得到这些棕色。

增白

此色环在赫林色环的基础上覆盖了一层白色，颜色显得较亮，是一系列微妙的漂白色。

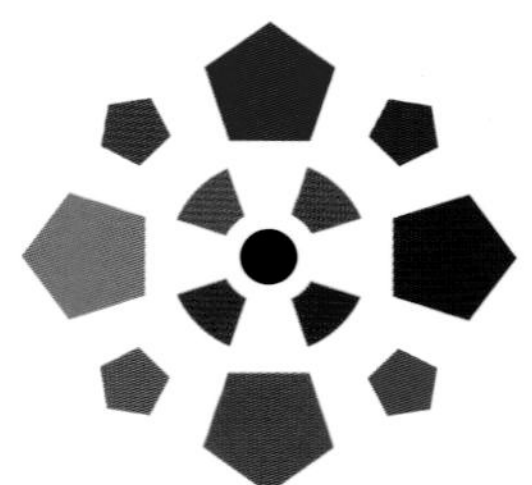

增黑

此色环在赫林色环的基础上覆盖了一层黑色，产生了一组较暗的中性色。邻近色和互补色的原理在这两个色环中同样适用。

邻近色

四种纯原色——红、蓝、绿、黄，与其在色环里的邻近色相混合，便产生了第二组色彩：紫色、绿松石色、橙黄色和石灰色。转动色环，你会发现邻近色的色彩搭配十分和谐。这个简单的原理同样适用于中性色——如柔和的乳酪黄色和焦橙色搭配起来很和谐。

图片设计师：韩薛

互补色

互补色是指在色环上相对的颜色，搭配不当就会感觉不协调，但若巧妙运用则十分吸人眼球。有趣的是，混合两种互补色可以调和出中性灰——把一种颜色投射到它的互补色上时便可产生这种效果。这种色彩原理可以被运用到室内设计中：将两种互补色的涂料混合，调配出第三种中性色，该中性色能和其他两种颜色很好地融合。

互补色配色方案

由于中性色背景的存在，上图的互补色搭配和谐。下图中，色彩鲜艳的毛巾为绿马赛克图案的浴室注入了活力。毛巾作为彩色配件，可以改变房间的氛围。在绿色旁使用一种相似的色调（如绿松石色），会创造出一种崭新的氛围。

色调

单色配色法是指使用同一色彩的不同色调，可以通过添加有质感的图案为设计注入新的活力。然而，仅使用单一色调很难完成中性色配色，设计效果往往不甚理想。

中性色

中性色既不属于冷色调，也不属于暖色调，混合颜料或涂料时很难得到中性色。即使在房间里刷上中性色，视觉效果也会被周围的颜色所影响。中性色通常由2～4种原色混合而成，加入不同比例的白色或黑色就能调配出不同深浅的灰色和棕色。

色彩和情绪

家是我们的港湾，给予我们心灵上的慰藉，家中的每个房间都起着不同的作用，所以房间的装饰方案应在体现其功能性的同时营造美妙的氛围。要巧用光线（包括自然光与人工照明）与颜色来打造特定氛围。比如，门厅应该显得热情，卧室应是安静的私密空间，餐厅则应营造一种优雅感。

不同的配色能营造出不同的氛围，中性色则可以决定房间的情绪基调，尤其是当它们与肌理和强调色相配合时。例如，向日葵色适用于门廊，但在中性色配色方案中使用明亮的黄油米色能营造出同样欢快的氛围；餐厅使用带有红色调的中性色，效果很棒。精心设计配色方案，色彩主题便能增强情绪。

和谐的配色

左图中的厨房采用了绿色、黄色和米色的配色，既令人愉快，又不失静谧，营造出轻松宜人的气氛。

粉红色系：柔美、梦幻、有趣、令人愉悦。最常用于女孩卧室，可同样用于画室或客厅。中性的粉红色，可选用糖果粉色调或最浅的苹果花色。

红色系：火热、活泼、温暖、舒适。红色代表着热情，非常适用于客厅和餐厅。中性的红色，可选用最深的紫红色或酒红色。

橙黄色系：振奋人心、有趣、温暖。使用橙黄色时，要兼顾美感和实用性。橙黄色配上黄色可打造一家令人激动的俱乐部，搭配柔和的赭石色和蓝色则可打造地中海风情的居室。中性的橙黄色，可选用焦橙色和一些弱化的橙色。

黄色系：欢乐、阳光、醇香。黄色充满热情，因此不适用于卧室。中性的黄色，可选用黄油米色或柠檬米色。

绿色系：自然、简洁、宁静。绿色是大自然的颜色，几乎可用于任何环境。中性的绿色，可选用深灰绿色、橄榄绿色或罗勒绿色。

蓝色系：沉稳、平静、明亮、轻松。蓝色是天空和水的颜色，搭配良好的光线，便能使蓝色展现其最佳效果。浅蓝色可用于卧室，若卧室使用较深的蓝色，餐厅就要用灰蓝色。

紫色系：漂亮、强烈、尊贵。该色系应谨慎使用。浅紫色可用于大多数设计，但深紫色不适用于卧室。

棕色系：厚重、温暖，是大地的颜色。可以将意大利黄褐色、棕土色、赭色或棕橙色涂料与灰色系或天然石板瓦的铁锈色一起使用。

灰色系：纯净的灰色是非常标准的中性色，能很好地衬托其他较为明亮的颜色。中性的浅鸽灰色可渐变到较深的炭灰色，或渐变到掺杂一丝其他颜色的灰色，如天鹅绒般的鼠灰色或偏冷的烟山灰色。

图片设计师：山与

自然光与人工照明的有机结合

在本配色方案中，浅褐色中和了深沉的棕色系，房间的色调也因此显得更加平衡。

色彩对情绪的影响

色彩使你愉悦、恐惧，还是心满意足地感叹呢？众所周知，特定的配色能唤起特定的情绪，适合在特定的房间使用。尽管颜料的用量和色调的深浅都会影响最终效果，但普遍规律始终适用，即使在中性色配色中颜色会被弱化或单纯用作强调色，也是如此。

灵感源泉

生活中灵感无处不在。不管在城市、海边还是乡村，无论季节和天气如何，无论它们是大自然的奇迹还是人为的杰作。花点时间观察那些吸引你眼球的事物，例如白桦和酸橙树树皮上的微妙颜色、乌云里多变的灰色和粉红色、放有柠檬的牡蛎壳、映在河中的城市倒影或一把鹅卵石。

一样的色彩主题，通过大师的视角观看，会得到不同的感受。维米尔、毕加索、米罗、纳什是如何使用并演绎色彩的？为什么同样是商店橱窗、时装样片或广告，一个吸人眼球，另一个却索然无味？即便你不是艺术家，也能找到心仪的配色方案并在家中营造出你期望的氛围。

善用剪贴簿

现在就开始收集各种想法并贴到剪贴簿上吧！你可以收集任何东西：包装、杂志图片，从时装、室内装潢、花朵、海报、涂色卡、飞行器、明信片、生日贺卡到度假时抓拍的照片，甚至豹子或宠物狗皮毛的色彩混合。剪贴下所有你感兴趣的元素。此外，你也可以从电视节目和电影中获取素材。历史剧经过专家推敲，严谨地还原了剧中年代的场景，提供了灵感；那些现代剧里由世界顶级设计师打造的奢华场景也同样值得学习，如《教父》中西西里岛的别墅或《瓶中信》中的海景。贴满剪贴簿之后，你会发现可选用的主题更多了。要善于观察世界的美，即使是普通的事物，也能给你带来灵感。

创作理念

收集打动你的小细节，久而久之，小细节便会转变为想法，帮助你构思属于自己的完美设计。这些想法是你的灵感源泉。浓重的大地色系配上有光泽的图案和少许强调色，可以找到设计的平衡。

温暖的黄色配上绿色很自然——这是哪部电影?

在突尼斯的假期,
2006年7月。
壮观的建筑
生动的色彩

情绪收集板

找到自己喜欢的事物后，尝试制作一块情绪收集板。这是设计师的常用工具，是对你所选色彩、质地和面料的提炼。如果你在设计方案里确定了一些物件，比如地毯或壁炉，把它们收集在情绪板上。如果你正在从头开始构建一个设计方案，记得要围绕主色，或者以某样物件为基础来构思方案，比如你心仪的地毯或画作，从该物件中挑选一些色彩，同时提取涂料色卡和面料样品。情绪收集板不仅仅要收集颜色，也包括图案和肌理。

为了使设计效果图真实地呈现，把地毯、木条、瓷砖样品放在情绪板的底部，软装饰样品放在中间，窗帘样本放在边上，涂料色卡放在合适的位置。如果你要将整面墙都刷上强调色，该色就应在情绪板中突出展示；如果你的情绪板和一个靠垫的大小差不多，将它按比例缩小。不管你有多么喜欢一件物品，只要它影响了居室整体设计的和谐，就应当把它去除，摆放在其他房间。

辅助资料

伟大的艺术家非常了解色彩，你可以向他们学习，大胆地借鉴他们作品中的主题、想法与灵感并将其融入你自己的设计方案。最浅的粉红色、浅黄褐色和米色可以中和浓重的红色、金色和棕色，达到色彩上的平衡，营造温暖、舒适的氛围。这几种颜色最适合在客厅或卧室使用。

妈妈家中的靠垫
维米尔的这幅画色彩浓重。这款配色适合我的房间吗？
秋天，湖边的树木呈现出美丽的金棕色，我们是否可以借鉴它们的配色？

挑选你的配色方案

在挑选涂料或面料之前，你需要考虑一些很重要的因素——气氛、功能性、光线和连贯性，这些都是设计方案成功的关键。

光线的重要性

光线赋予空间生命力，使设计所营造的氛围更加生动。如果光线处理得好，房间就会显得平衡和谐；一旦光线处理欠佳，设计就会看上去无趣又平庸。每个人都希望房间内有充足的自然光，这也是决定设计方案成功与否的关键。因此，为了最大限度地利用自然光，需要谨慎运用透明纤薄的面料、玻璃、镜子以及能够反光的颜色。从光线的角度来说，中性色与普通颜色的原理一样：浅色会反射光线，暗色会吸收光线。

和谐的最高境界

如果将暗色木质家具放在暗色的房间里，就显得太过普通，但若是将这些家具放在米色调的房间中，便会散发出无限的魅力。此外，在高大的窗户上挂上遮光帘或淡色面料，耀眼的自然光线便会充满整个房间，也可以突出面料的颜色和家具的设计。

自然光：自然光可以完美地呈现中性色配色的效果，不过由于每天的光线不同，设计效果也会随之受到影响。太阳光和季节的变化都会影响最终的设计效果。如果条件允许，建议白天待在朝南的房间，这样你就可以最大限度地利用自然光，将朝北的房间改为餐厅，因为餐厅多在晚上使用。把暖色调用在餐厅，可以弥补一下北向房间光线不充足的缺陷。

人工照明：相比自然光，人工照明呈现色彩的效果略差一些，所以使用时需深思熟虑。人工照明主要有三种方式：工作照明、环境照明和氛围照明。工作照明强烈且直接，通常适用于阅读、烹饪或其他工作。环境照明能照亮整个房间，但是要避免顶部照明，在天花板中央悬挂吊灯会使灯光太过刺眼，也会使房间里的其他颜色显得单调平庸（投射出柔和光线的枝形吊灯除外）。

台灯和壁灯相对柔和一些，应用范围也相对广泛，你可以根据心情变换灯光，营造不同的氛围，卧室和餐厅的气氛通常是浪漫的。荧光灯的使用十分复杂，所以如果不是真的需要，建议不要安装荧光灯，即便是在厨房安装也要谨慎。

要记住，色彩会因人工照明的变化而变化。如果想确定你选择的色彩是否适合，可以做一个小测试，将颜色刷在纸或塑料板上（切忌直接刷在墙壁上），并将它放置于房间的各个位置，观察不同光线下的效果。

现代设计

现代开放式的装修通常将白色作为主色（如上下图所示），大量运用玻璃来最大限度地利用自然光。生活区域的高度是其他地方的两倍，增加了光的丰富性和空间感，使房间显得更宽敞明亮。

连贯性

如果你选择使用主色的不同色调，最浅的色调应该用于天花板，如果墙壁上装了护墙板，中度色调用于墙的上半部分，最深的色调用于墙的下半部分或者地板。涂料种类也应是你考虑的元素之一，因为涂料的光泽度不同，反射光线的效果也不同，如亚光涂料会使光线看起来更明亮。

新旧融合

在上图的浴室中，尽管现代的固定装置给房间增添了一抹摩登感，但颜色搭配仍十分传统，使用米色搭配柔和的灰绿色墙板。

质地与图案

质地同样是中性色设计方案中的一大要素，它不仅能带来愉悦的视觉感受和舒适的手感，且有助于营造房间的整体氛围。在设计中性色方案时，你可以根据需求选择不同的质地，这也是设计的乐趣之一。从地板上的天然纤维织物、沙发上或床上的人造毛皮装饰，到由梭织面料、褶裥丝绸或松软的羊毛组成的缀有装饰纽扣的各式靠垫，你可以随意搭配。

冷色

在下图的厨房中，灰色、绿色和白色巧妙地融合在一起，使人联想到英格兰和斯堪的纳维亚等北半球国家冰冷的光线，配色显著地突出了房间的作用，舒适且吸引人。

在中性色设计方案中，有质感的东西很引人注目，所以一定要选择你真正喜欢的物件。

图案在中性色设计中也大有作用。如果你只用一种图案，可以选择夸张的图案，比如在墙上贴上颜色醒目的漂亮壁纸。此外，一些闪闪发光的材料，比如铬、钢、黑漆和大理石，都能使沉静的中性色设计有趣且更具活力。

色彩的考虑

你可以在中性色设计方案中融合多种色彩，但不要太花里胡哨。例如，客厅使用中性色调的红色，旁边的餐厅就可使用猩红色，但餐厅的配色中也必须带有中性红色，或将红色作为强调色，以保证设计的连贯性。同样地，贯穿所有房间的地板也应做相同的处理，以保证色彩的连贯性。相邻房间的色彩应慎重考虑后决定。

如果你装修的房子是用来出售的，配色越简单越好。有时，引人注目又奇特的室内设计也许会成为卖点，但这种设计更有可能使潜在客户减少。保守的设计虽然不能迎合所有购房者的口味，却能给予他们舒适感，使他们有搬入的欲望。

世上没有绝对正确的配色方案，在决定该如何配色时，选择合适的颜色、色调和面料固然重要，但也不要抛弃你的个人喜好。如果你能做到这些基本原则，将你的喜爱之物融合起来并抛弃讨厌的元素，便能设计出你的理想之屋。

来自户外的灵感

该房间巧妙地将浓郁的中性色与有质感的面料相融合，复杂的配色让人仿佛置身于森林之中。深色遮光帘主导了房间的色调，白色的床单使房间更加明亮、舒适且轻松。

中性色搭配方案

这个简单直观的图表列出了200种配色方案的主色及其所在的页面。若你有心仪的颜色，可以直接翻到相应的页面，研究如何有效地在设计方案中使用该颜色。

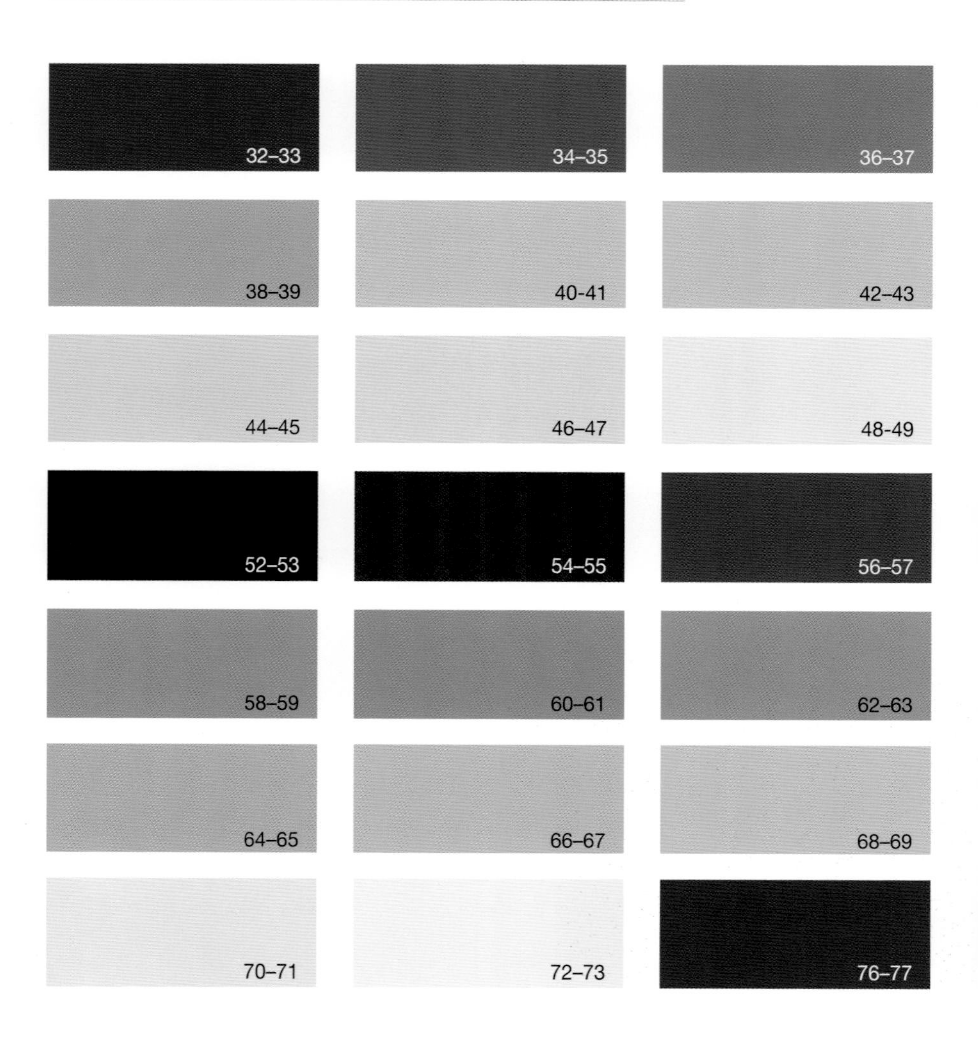

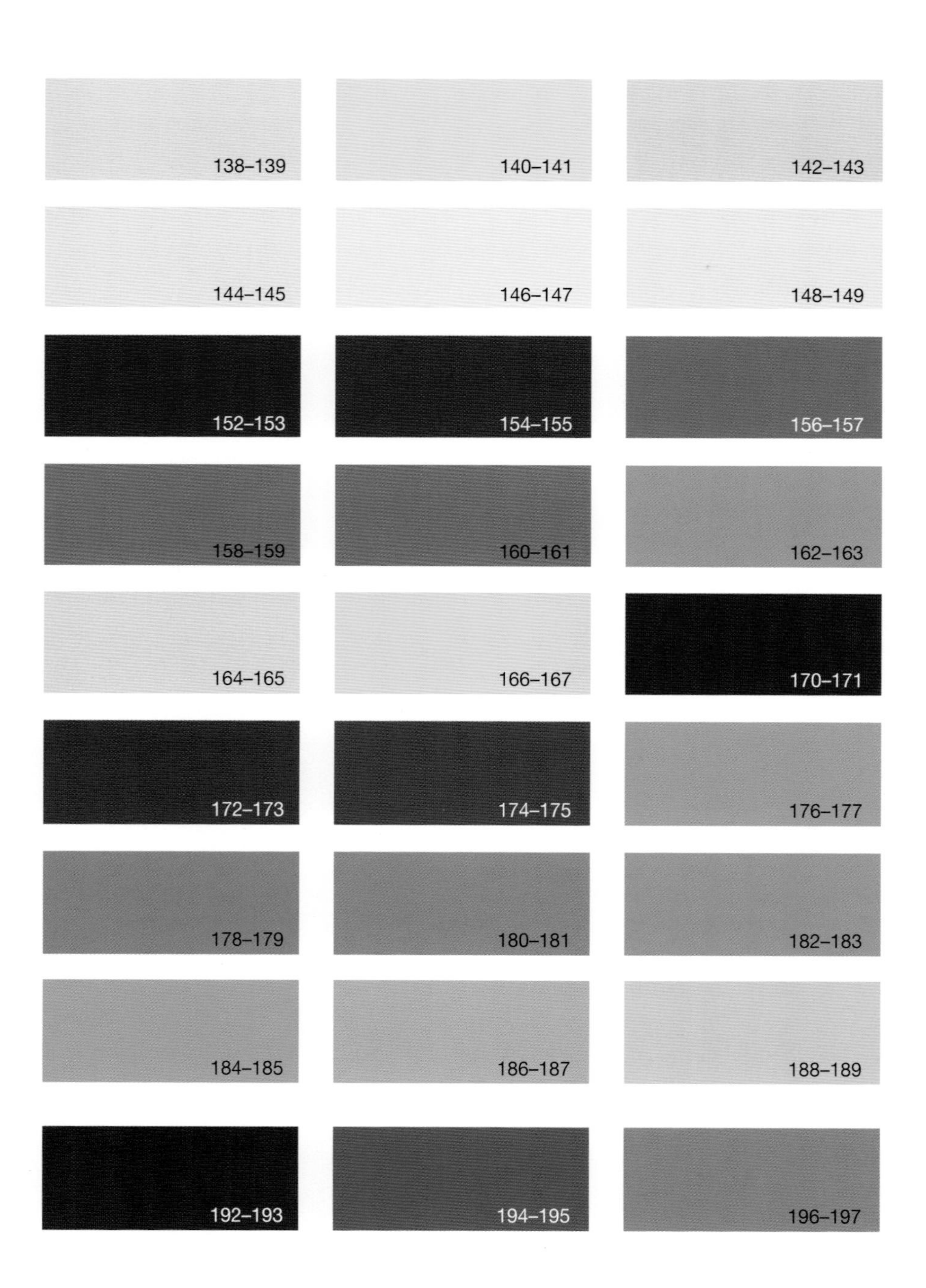
138–139
140–141
142–143
144–145
146–147
148–149
152–153
154–155
156–157
158–159
160–161
162–163
164–165
166–167
170–171
172–173
174–175
176–177
178–179
180–181
182–183
184–185
186–187
188–189
192–193
194–195
196–197

198–199

200–201

202–203

204–205

206–207

208–209

210–211

214–215

216–217

218–219

220–221

222–223

224–225

226–227

228–229

232–233

234–235

236–237

238–239

240–241

242–243

244–245

246–247

248–249

250–251

巴黎式优雅

前文中，我们借用色彩来展现高雅与魅力。长期以来，紫色系都被视为一种雍容华贵的色调，从温暖的丁香紫到柔和的薰衣草紫。品味一下装饰艺术的魅力，如茶室中的白瓷、水晶杯里的马提尼酒……你也可以尝试用天鹅绒、丝绸和古典风格的家具来点缀房屋。

人间天堂

深紫色是一种浓郁又富有感染力的颜色，可以为封闭或黑暗的空间增添质感，烘托气氛。深紫色温暖、热情、强烈，适合打造奢华的墙面，尤其适合餐厅或浪漫的卧室。

自然界中的中性色使浓郁的色调更具吸引力。

1

2

3

4

5

用石色(2)、地衣色(3)来中和深紫色(1)。将这些温暖的色调用于木制品、彩绘家具与镶板类墙面，效果会非常棒。

就像在自然界中所发现的那样，深紫色可以与浅绿色调互补，如浅灰绿色(4)、浅薄荷绿色(5)，将这些颜色作为强调色，与绿色或灰白色的软装配饰、小地毯或家具相配，居室会更加漂亮且舒适。

失乐园

石油蓝色与深紫色的组合十分大胆，但只需添加一些搭配得当的软装配饰、陶瓷制品、艺术品，使其与美妙的石油蓝色和漂亮的深紫色相辅相成，就能创造出令人眼前一亮的效果。

本配色适用于打造温暖的休息室、舒适私密的小房间或独特的餐厅。

将所有墙壁刷成深紫色(1)，木制品刷成浅灰色(3)，地面或地毯则选用深灰色，灰色系会与浓郁的紫色形成鲜明的对比。豹灰色(2)适用于沙发或小房间内的披巾以及餐厅中央的大地毯。

将石油蓝色(4)与炭黑色(5)混合，用于窗帘和其他软装配饰，这些色调十分适合奢华面料，如皮革、天鹅绒与丝绸。

巴黎红磨坊

本配色让人联想到红磨坊的光辉岁月，舞者身穿紫水晶色的丝绸连衣裙，彻夜舞动，尽情地展现自己。此配色方案体现了红磨坊主要的装潢风格，抓住了20世纪初法国的浪漫精髓。

一组深沉美妙的少女系配色。

1

2

3

4

5

紫水晶色(1)是一种华丽的深色调，适用于卧室感性风格的墙壁，可以搭配深紫色(5)的窗帘。床上用品及各类配件可使用漂亮的粉红色系，如胭脂粉色(2)或糖果粉色(3)。

为了使房间的格调更高雅，将家具和木制品漆成蘑菇色(4)，使用亚光涂料更能体现该颜色之美。如果你认为整个房间都使用紫水晶色会使视觉效果过于强烈，也可将蘑菇色用于景观墙。

最后，通过醒目的物件再次突出深紫色，如床单或一把单人软垫椅。

化妆间

这一组活泼的配色灵感，来源于20世纪50年代巴黎的乐趣与魅力。彩妆色与深沉的紫水晶色是绝配，并与鲜艳的李子色和温暖的栗棕色相得益彰。本配色方案适用于客厅、雅室或卧室。

本配色灵感来源于20世纪50年代。

1

2

3

4

5

李子色(4)的软垫家具可以搭配紫水晶色(1)，效果十分惊艳。与软垫相搭配的织物最好有少许的光泽，如雪尼尔布或天鹅绒。在卧室中，给大型床头板装上李子色的软垫，客厅中的沙发也可以采用这个设计。散放的小靠垫可以用深栗色(5)和灰粉色(2)，不同质地的垫子可以选择不同的颜色，也可以将两种颜色相结合，用于小地毯。

地毯和窗帘或遮光帘的颜色要稍暗一些，可用亚麻色(3)来使各种色彩达到平衡。

低调的优雅

新艺术派和许多设计风格一样，都追求搭配的平衡，此配色方案亦是如此。方案中清新、柔和的颜色适合打造现代风的玄关或简单明亮的画室。

用美丽清新的色彩拥抱新艺术派。

米色(2)的镶板适合安装在玄关，看上去会很棒；镶板上方的墙面刷成薄暮色(1)，用互补色丰富墙面，效果会令人惊喜。

软装配饰使用深蓝灰色(4)，并试验何种面料与其搭配效果最好，如真丝的落地窗帘。用暖沙色(5)和嫩绿色(3)突出细节或装饰品，如流苏、垫子或花瓶。

建筑的灵感

一组硬朗、简约却十分高雅的配色。

这组配色非常适合现代公寓和黄金比例的乔治亚风格建筑——这些永不会过时的颜色适用于大多数房间。这组配色中的一些颜色来自建筑元素的启发，比如松露灰色和青灰色。

1

2

3

4

5

墙壁可刷成薄暮色(1)。为了使房间显得更柔和温暖，地面可以使用奶油玫瑰色(4)。

家具表面的面料使用华丽的松露灰色(5)雪尼尔布或天鹅绒，这些材料质感很奢华，给人一种高级感。

房内可摆放青灰色(2)或松露灰色的高光泽或涂漆家具。窗帘、遮光帘、靠垫和小地毯可以选用任何颜色，比如银石色(3)。

优雅时尚风

浓太妃糖色、巧克力色与柔和的淡紫色混合，既简约又成熟。这种组合给人一种细腻美妙的感觉，有助于营造华贵轻松的氛围，适合漂亮的卧室或舒适的客厅。

中性色配上淡紫色，温暖又热情。

用胡桃木或刚果木家具，或用温暖的深巧克力色(5)粉刷家具，来增强貂皮色(1)的墙壁之美。如果要在卧室使用本配色，可将床后的装饰墙刷成深紫色(4)来增加戏剧感，或将该颜色用于大型、豪华的床头板。

卡其色(2)和蛋壳色(3)都是漂亮的中性色，可混搭用于棉或亚麻质地的床上用品和软装配饰。使用天然质感的地毯，如椰子壳粗纤维或卡其色的海草，给设计方案注入一丝异国风情。

新艺术派

新艺术运动以高度程式化的有机形式作为灵感，并将其运用于建筑和设计中。家具、建筑、艺术和日常设计中使用了各种大自然的色彩。貂皮色是一种平静舒缓的色调，让人联想到新艺术运动时期。

一组高雅、漂亮又精致的配色。

家具和大型客厅或开放式起居室的窗帘用粉红黏土色(4)和深薰衣草色(5)的布料，配上貂皮色(1)的墙壁，效果十分惊艳。然后把橱柜、木制品或架子刷成浅灰色(2)，或将该色用于地板或地毯，效果也很不错。

摆放几个石灰岩色(2)的靠垫，由丝绸或雪尼尔布制成的物件，再摆上石楠色(3)和深薰衣草色的大陶瓷碗或艺术品。

温暖与性感

法式灰色让人联想到优雅一词，想象一下，你躺在躺椅上，品着一杯盛在漂亮水晶酒杯里的马提尼酒。法式灰色适用于大多数环境，本配色方案最适合大型门厅。

绝妙的配色，适合气派的大门或引人注目的楼梯。

1

2

3

4

5

把楼梯的立柱、踏板和竖板漆成象牙色(2)，为旧楼梯注入新活力，但要把楼梯扶手的颜色与其他部分区分开，可刷蘑菇色(3)这样深一些的颜色或橡木色。在楼梯上铺上一块蘑菇色(3)、深丁香紫色(4)和树莓色(5)相间的条纹地毯。

为了最大限度地展现当代风格的魅力，椅子和挂镜线用法式灰色(1)，墙壁也刷成该色。窗帘、靠垫和其他装饰品的颜色可以是本方案中五种颜色的任意组合。

成熟的豪华

本配色适用于时尚的厨房或开放式区域，也可用于卧室设计方案。在一个翻新改造或新建的开放式空间里，你可以享受使用色彩的乐趣，不用害怕搞砸。

豪华感十足，充分展示材质和面料的肌理。

为了衬托法式灰色(1)，在厨房摆放高光紫色(3)的橱柜和家具，并选择光滑且有光泽的黑色(4)花岗岩台面。加上银灰色(5)装饰品和器具或其他铬合金实用物件，使本配色更具活力。

在以法式灰色为背景色或底色的生活区域里，软装配饰的图案可以选用简单的条纹或夸张大胆的图案，颜色宜选择深巧克力色(2)和紫色。

夜来香

在本配色方案中，男性化色彩搭配女性化色彩，暖色搭配冷色。尽管海军蓝色和钢青色看上去与配色中的暖色形成了反差，但实际上冷暖色可以和谐相处。这一组配色适用于书房或客厅。

一组带有女性化底色的男性化配色。

把墙刷成石楠色(1)，为接下来的装饰打下良好基础。

用暗石色(2)和钢青色(3)的落地厚窗帘来中和石楠色中的粉紫色调，并把暗石色和钢青色作为沙发或椅子的主色，搭配海军蓝色(5)和钢青色的花瓶和台灯底座。

添一些淡紫色(4)和石楠色的靠垫和毛巾。

矿物水疗

在19世纪末20世纪初，富人们都知道水疗可以调理身体，有利于健康，所以他们经常做水疗来舒缓身心。岩石和晶体中的天然矿物质色彩各异，你可以从这些色彩中获取灵感，创造出属于自己的水疗室。

点上蜡烛或香薰，泡个澡，闭上眼，放松一下吧。

1

2

3

4

5

浴室的墙壁刷成石楠色(1)，墙板和浴室家具可以选用浓重温暖的桑葚色(5)或清新淡雅的大理石色(3)。

桑葚色和蓝莓色(4)等鼓舞人心的暖色可用于地砖，为了使设计更巧妙，地砖的材料可以考虑用天然岩板并利用镜子来更好地展现自然光。

用一些大理石色和硫化蓝色(2)的厚毛巾来装饰浴室。

致敬古希腊

20世纪初，时装设计师马瑞阿诺·佛坦尼根据古希腊的服装和纺织品，设计出了“德尔斐褶皱裙”，该作品由精致的百褶丝绸制成，简单的设计风格受到当时富有的艺术精英的大力追捧。本配色方案向马瑞阿诺·佛坦尼致敬。

1

2

3

4

5

用明亮的蓝色，打造一个简约风格的厨房。

本配色方案适用于厨房或餐厅。厨房中的大部分设备可用淡鸢尾紫色(1)，琉璃台面用橡木色(3)，如果你的厨房空间较大，独立操作台面或中央台面可用淡雅的大理石色(2)；面积最大的装饰墙刷成灰蓝色(5)，其他家具则用大理石色。

如果空间充足，可以在餐厅放一张橡木色的餐桌，配上石油蓝色(4)的椅子。餐具的颜色也很重要，可以选用淡鸢尾紫色、灰蓝色和大理石色的盘子，不同的颜色代表盘子的不同用途，不会混淆。

美好时代

本配色方案重现了那个推崇富裕和配饰的年代。

法语“La Belle Époque”即“美好时代”，19世纪末的美好时代被上流社会认为是一个“黄金时代”，它以享乐为主旨，鼓励佩戴装饰品，如精致的阳伞、羽毛礼帽和漂亮的丝带手套。

想要打造漂亮的卧室，不妨将墙刷成淡鸢尾紫色(1)，挑选深奶油色(2)的法国闺房家具，选择华丽、有涡卷形纹样的巴洛克风格的床和精美的衣柜。这种风格的家具有着经典的细节特征，刷漆后显得古典又低调；床头套或躺椅的盖布用灰粉色(3)和蓝莓色(4)，靠垫和配饰使用蕨绿色(5)。

如果想要展现淡雅的效果，地板就使用深奶油色，反之，则使用蓝莓色地毯。

动感魅力

迷人的新艺术运动是现代风格的发源地。富丽堂皇的装饰艺术融合了各种风格，包括几何形的细节和别具风格的影像。本配色方案吸取了新艺术运动的精髓，适用于有高天花板和建筑细节的开放式生活空间。

装饰艺术风格：优雅、实用以及核心要素——现代化。

房间的所有墙面都刷成淡紫色(1)，并用绿色或灰色等男性化的颜色来中和淡紫色的柔和色泽，家具用钢青色(2)，金属饰面板用铬。记住，铬和钢等金属饰面板在装饰设计中发挥着重要作用。

砌一个抓人眼球的几何形壁炉，或给家具套上大理石色(3)的罩子。

在房内摆几件醒目的紫色(5)或玉蓝色(4)的家具。

复古风

复古风格在不断地演变与发展，所以要留心那些独一无二的复古布料，试着淘几件复古家具或有意思的照片和画作。将各种颜色、纹理和图案与素色相结合：丝绸配上棉花，木材与镜子或塑料相搭配。

柔和的配色，用来搭配你最爱的复古物件。

1

2

3

4

5

墙壁刷淡紫色(1)，地面可使用紫花瓣色(2)。窗帘或大件家具的主色可使用灰褐色(4)，其他家具使用炭黑色(5)。家具的罩布和窗帘要选择优质且手感好的面料，使房间看上去高端奢华。

最后铺上一块奶酪色(3)和紫花瓣色的条纹小地毯，来完成整体设计。

粉红佳丽

粉红色有时过于强烈，过度使用会令人厌恶，但若是与以下强调色合理搭配，可以设计出一个漂亮、令人愉快的卧室。活泼的粉红色和温柔的紫罗兰色不仅适用于化妆品柜台，也非常适用于女孩的卧室。

柔和的粉红色是女孩卧室的最佳选择。

1

2

3

4

5

墙壁刷成灰粉色(1)，精心挑选一些可以固定在墙上的家具，如奶昔色(3)的壁炉或定做的壁橱。

窗户挂上咖啡色(4)的遮光帘以及精致飘逸的薄纱和丝绸窗帘，颜色选用花瓣色(2)和漂亮的粉三色堇色(5)。

本配色的关键在于各种少女风的细节处理，所以要在门上安装粉三色堇色的水晶把手和装饰品，地板选用纯白色。如果要想更温暖的房间氛围，可以铺上咖啡色地毯。

浪漫永恒

本方案从漂亮的彩妆中汲取灵感，把粉红色和紫色提炼成柔和的灰粉色和中性色。可以摆一件艺术品、一个花瓶或一个简单却显眼的软垫，用醒目的红色、粉红色和紫色来为这个方案增添光彩。

成熟的配色，适合打造浪漫现代风。

1

2

3

4

5

将装饰墙刷成薰衣草紫色(3)，来搭配灰粉色(1)的墙壁。

选用中性灰色(2)的沙发和椅子，面料的织法和纹理要简约。

添加几盏灯和漫射照明灯具（入射光线并非主要来自单一方向的照明灯具），搭配薰衣草紫色或灰粉色的玻璃底座和灯罩。

加上珊瑚色(4)或牛血色(5)或两色混搭的油画、落地大花瓶或单人椅，来衬托整体设计。

当代艺术

灰色介于较冷的蓝灰色、绿色和温暖的中性色之间，是一种忧郁的现代色调。将下述的配色方案和几何形状、钢铁、玻璃与金属相结合，用浓郁的色彩或鲜亮色来突出暗米色、暗白色和沙砾色。用这些配色方案，来打造实用的装潢风格。

原始与现代

杰出的荷兰画家彼埃·蒙德里安的作品以“红黄蓝”三原色和横平竖直的黑色线条著称。他的作画风格与配色多次被后人应用在室内设计和装潢中。可尝试利用本组配色来诠释你自己的设计风格。

模仿蒙德里安作品中的线条，打造出既醒目又有趣的游戏室。

把面对面的墙壁或面板刷成红色(2)、明黄色(3)和蓝色(4)。用煤黑色(1)线条将漆好的墙面分割成不同的色块。地面选择煤黑色的橡胶地板，再铺上三种原色的小地毯。

为了保持整体风格的清新与简洁，将踢脚板和天花板漆成纯白色(5)。若想给孩子们增加生活的乐趣，可将他们伸手即能够到的矩形墙面做成黑板的模样。

简洁的生动

现代艺术家瓦西里·康定斯基非常喜欢使用色彩与形状，在他20世纪早期所创作的抽象画中，五颜六色的色彩生动地呈现，颜色和形状以自由的方式组合、重叠。

本配色包含柔和的灰色和赭石色，打造豪华的卧室。

为了使卧室里的家具颜色协调，可将床、衣柜门等漆成煤黑色(1)或安装黑色玻璃。墙面刷成白垩色(3)，铺上深黄赭色(2)的地毯。如果你有赭石色、紫色和黑色的复古墙纸，可把它贴在床边的墙面上。用缀有白垩色纽扣的煤黑色丝绸面料装饰床头板。

最后，使用黄赭色、淡绿色(4)和紫色(5)的床上用品。

波普艺术

这款20世纪60年代的配色方案以醒目明亮的色调为基础，表现了当时令人兴奋与激进的新潮流。这个浓烈的色彩组合适用于层高的大房间。

本方案灵感来源于“摇摆的60年代”。

1

2

3

4

5

把房间内最大的一面墙刷成薄荷白色(2)来建立视觉焦点，其余的墙壁刷成纯白色(3)，地毯、木地板或橡胶地板使用炭黑色(1)。

摆几件颜色醒目的家具、靠垫或花瓶等小物件，家具选用日落橙色(4)，小装饰品可选用丁香紫色(5)。

最后，用印有波普艺术风格图案的帆布来装饰白色的墙壁，将整个设计巧妙融合。

艺术画室

如果你见过处于工作状态中的艺术家，你会发现他们都喜欢把调色盘、水罐、半成品和刷子放得到处都是。这样的空间乱中有序，温暖舒适。

把中性色作为基调，充分发挥你的想象力去自由创作。

1

2

3

4

5

用淘来的物件和新颖的古董家具来再现艺术家的乐园。

墙壁刷成炭黑色(1)，地上铺米黄色(2)的地毯，来营造温暖舒适的客厅。

添置一些其他颜色的木制品，如深橡木色(5)或橡木色(4)的家具或相框，或添一块同色框的镜子。布面椅和其他软装饰品可选用苔绿色(3)。

印象派

19世纪下半叶的印象主义运动起源于巴黎，引起了绘画领域的一系列变革。把日常景观作为创作题材，以清晰的笔触和独特的视角为特征，注重光线及其变化，印象派艺术往往和自然融为一体。

自由运用色彩，致敬印象派。

本配色方案融合了柔和的强调色，适用范围广泛，尤其适用于厨房。

厨房台面与墙壁瓷砖使用花岗岩色(1)，搭配灰白色(2)的橱柜和浅蓝色(5)的裂纹釉陶瓷拉手，少量的蓝色可以提亮花岗岩色。

天花板和其余木制品用纯白色(3)，其余墙面刷成丁香紫白色(4)，餐具的颜色可以在上述颜色中随意选择。

描绘天气

英国伟大的画家约瑟夫·马洛德·威廉·透纳善于描绘天气状况，如阳光、风暴、雨和雾，令人叹为观止。他精于用色，在他所画的沉船和暴风雨中，包含了多种粉红色、橙色和天蓝色。

模仿透纳的创作手法，在传统房屋的走廊里运用多变的色彩。

以你自己的方式来诠释透纳的风格，打造漂亮的玄关和走廊。

玄关和走廊铺上花岗岩色(1)的天然石材或石板地面，把护墙板下方的墙壁刷成灰蓝色(4)，上方刷成天然石色(3)。

踢脚板和木制品刷成石白色(2)，楼梯上铺一条鲑鱼粉色(5)的地毯，也可选用同色调的相框或花瓶来装饰。

壁画灵感

壁画的绘制是一项高难度的工作。欧洲有许多伟大的壁画作品，如西斯廷教堂天花板上的壁画。将颜料涂在一层薄薄的湿石膏上，待颜料渗入石膏层后，石膏便成了绘画媒介。

一组以壁画为灵感的腮红色系配色。

1

2

3

4

5

本配色方案灵感来源于壁画的制作方式，十分适用于卧室或客厅。

使用豹灰色(1)作为家具的底色或将墙面刷成该色，可以直接用原色绘制，也可抛光成灰橡木色后再上色。还可将墙面刷成石膏色(4)，使其呈现出温暖的粉红色。木制品使用牡蛎色(2)，使房间呈现出微妙的色调差异。

使用貂皮棕色(3)丝绒或丝绸面料装饰家具，窗帘或遮光帘的布料图案要简洁而优雅，颜色可以选用威尼斯粉红色(5)与貂皮棕色的混合色。

野兽派

受法语单词“fauve”（义为野兽）的启发，野兽派的用色十分狂野。它由印象派发展而来，设计简单，色彩鲜艳，代表画家有亨利·马蒂斯和劳尔·杜飞。

在野兽派色彩丰富的绘画风格中，蓝色和紫色所占的比重很大。

1

2

3

4

5

学习劳尔·杜飞，在客厅大胆地运用色彩。墙面漆成豹灰色(1)，奠定房间的色调基础。在墙上镶上薰衣草紫色(3)的丝绸面板，地上铺上丁香紫白色(2)的地毯。如果条件允许，推荐在整个房间内都铺上丝绸或富有光泽感的地毯。

在客厅的入口、所有外窗或玻璃门边放几个高大优雅的深海蓝色(5)的花盆，种一些造型感强的植物，如仙人掌。客厅内挂上普鲁士蓝色(4)和薰衣草紫色的丝绸落地窗帘。

自然风景室内化

19世纪80年代，大批英国艺术家前往英国的康沃尔郡游览，美丽的渔村纽林迅速聚集了一批艺术家，他们开创了“外光派画法”，鼓励艺术家们描绘户外风景。

一组以自然风光为基础的配色。

1

2

3

4

5

毛茛米色(2)带有的银色调与铅色(1)地毯或天然石地板相得益彰。推荐把墙面也刷成该色，搭配厚重的麻布色(5)窗帘，内衬浅白色(4)的薄纱。

选用麻布棉或雪尼尔布的沙发套，沙发上放一些鸭蛋色(3)的靠垫，靠垫的质地与纹理要有所差别。

纯天然布局

雕塑的表现形式简洁又美丽，亨利·摩尔可以将有机形状高度抽象为一个小小的艺术装饰铜雕，他认为雕塑本身是一件值得欣赏的作品。本方案蕴含了该理念，适用于室内泳池。

一组绝妙的配色，可以和任何温泉酒店媲美。

1

2

3

4

5

本配色干净、雅致又时尚，可以充分利用空间。

在游泳池区域贴上铅色(1)的瓷砖，周围镶上一圈大理石色(4)的瓷砖，无釉砖墙漆成暗石色(2)。

泳池周围放置木棕色(3)的暗色木制躺椅和家具，放几条墨蓝色(5)的毛巾。

收藏家

若想做出与众不同的效果，不妨选择一系列大小各异的相框。为了让它们看起来像一个整体，可将所有的相框漆成青铜色(4)。墙面刷成麻布色，可以极好地衬托青铜色相框的质感。

以一组画作或照片为特色。

地板的颜色要淡雅而明亮，可刷成象牙色(2)或选用该色的地毯。

选用深橡木色或胡桃木色(5)的木质家具，保持相同的颜色和饰面，试着改变形状和尺寸。

对于室内装饰和窗帘，图案可以选择花卉或条纹，材质选择素色棉布，将灰绿色(3)、麻布色(1)与象牙色相结合。再添上一些由上述强调色任意结合的装饰品。

艺术装饰

20世纪二三十年代，在许多艺术装饰风格的作品和室内设计中，以浅色为主的背景色居多，如灰色、米色、浅褐色和象牙色，再配上相对醒目的颜色或材料，最终呈现的效果十分引人注目。

本配色方案灵感来源于艺术装饰风格，适用于日光浴室或花园。

选用石灰华地板并刷成沙石色(4)，墙壁刷成麻布色(1)。

选购乳白色(3)的现代风格的藤椅或该色面料的椅子或沙发，再放上几个咖啡牛奶色(2)和炭黑色(5)靠垫。

最后，放几个现代风格的炭黑色大花盆，种上生长缓慢的耐寒植物。

现代材料

巴塞罗那椅以完美的风格、形式、舒适和优雅闻名于世，是德国建筑设计师米斯・凡・德罗在1929年巴塞罗那世界博览会上展出的经典之作。该作品是为了欢迎西班牙国王和王后而设计的。

本配色方案的灵感来源于经典的巴塞罗那椅。

本配色适用于布置井然的客厅、门厅或楼梯。

在房间的中心位置，对称地放两把黑棕色(3)巴塞罗那椅，椅子下铺上乳白色(4)的地毯或地砖。

将墙面漆成暗灰色(1)或选用该色墙纸，挂上简约的丝绸或棉质落地窗帘，颜色选用铜色(5)或牛奶巧克力色(2)。用黑棕色和铜色的陶瓷落地大花瓶、花盆或雕塑作为点缀。

矿物颜料

在用化学方法生产颜料之前，人们用矿物上色。这些颜色是天然色素，以原始的形态存在于地球上，如赭石色、各类黄色、棕色和灰绿色。

矿物颜料可营造出暖意和舒适感。

1

2

3

4

5

选择一个轻松随意的空间来实施这组朴实的配色，你可以在这个空间阅读、放松或只是蜷缩起来打个盹儿。

暗灰色(1)是一种不错的灰色基调，可加入肉色(2)和浅沙色(3)来使色调更柔和。搭配天然材质的地毯和重磅印花纯棉窗帘或遮光帘，颜色选肉色、浅沙色或水色(4)。

沙发套上靛蓝色(5)的纯棉罩布，上面摆几个浅沙色和水色的靠垫。添置一个书柜和一些照片来完成你的设计。

非洲艺术

艺术装饰风的一大特点就是各类文化的融合。非洲狩猎之旅中的兴奋感是装饰艺术风格中的必备元素。在家中，可以通过各类引人注目的物品来营造这种气氛，如斑马纹和豹纹的沙发，或原始部落风格的乌木凳子。

运用醒目的色彩和动物图案打造非洲风格。

尝试创造属于你自己的非洲文化视感吧！将墙面刷成泥土色(1)，在玄色(2)窗帘杆上挂上简洁的浅海绿色(3)窗帘。用动物图案装饰一把旧椅子，并把它放在土红色(5)的衣箱旁。

在架子或其他家具上对称地摆放一对芥末色(4)花瓶，地上铺一块融合了所有上述强调色的地毯。

古埃及装饰风

古埃及文明起源于尼罗河沿岸富饶的土地，神秘而尊贵，随着时间的推移，它激发了无数文化运动。将大地的天然色彩和天空的色彩相结合，便形成了一个醒目、有趣又成熟的方案，适用于年龄大一些的儿童的卧室。

本配色方案的灵感来源于古埃及的自然景观。

1

2

3

4

5

主墙可以刷成泥土色(1)，将任意一面墙或壁炉旁的壁龛刷成尼罗河蓝色(3)，壁炉架用孔雀蓝色(2)。

把宽幅相框漆成棕榈色(5)来装饰墙壁，并用照片、拼贴画或抽象版画填充。挂上棕榈色和孔雀蓝色相间的遮光帘，橱柜、储物柜或架子漆成古金色(4)。

连绵起伏的风景

意大利中部的托斯卡纳大区是文艺复兴的发源地，有大量的艺术遗址。本方案令人联想到意大利繁茂的景象：阳光普照，遍布各处的白柏树，橄榄园和葡萄园。

在室内重现户外风景的多姿多彩与生命力。

1

2

3

4

5

若想再现托斯卡纳大区之美，可以在客厅或餐厅运用此配色。

墙壁刷成陶土色(1)，沙发使用橄榄绿色(4)，可以配上一把玉米色的椅子(2)。

在天然橡木地板上铺一条翡翠灰色(5)和托斯卡纳黄色(3)相间的条纹小地毯。靠垫、花瓶和陶瓷碗的颜色可在上述颜色中任选。

意大利文艺复兴

暖色调的中性色与粉红色的搭配。

这组配色操作十分简单，把三种中性色作为底色，用粉红色来提亮配色。文艺复兴意味着“重生”，也就是变化。若你想使房间的面貌焕然一新，你必须有一个成熟的计划。

1

2

3

4

5

浴室的石灰华地面和墙砖选用陶土色(1)、乳酪色(2)和暗石色(3)，营造温暖的气氛。其余墙面都刷成乳酪色。

在窗台上摆一个石榴石色(5)的花瓶，墙上的镜框也选用该色，搭配石榴石色、石膏粉色(4)和暗石色的毛巾。

柔美水彩风

水彩画以其精致与半透明闻名，水彩涂料中有许多有趣的颜色，挑几款你最喜欢的颜色进行组合，从而获得漂亮的新色彩。

水彩柔美的颜色，适用于卧室。

1

2

3

4

5

在卧室内选用柔和的面料和色彩，营造出相应的水彩画风格。

用彩粉白色(1)和薄荷色(2)粉刷墙壁，达到画龙点睛的效果。窗户上挂乳酪色(4)带褶皱的纱帘，使之随风拂动，又能漫射阳光。窗帘上要带有桃粉色(3)和暖黄色(5)色调，使之更温暖。从水彩画中汲取灵感，发挥你的想象力，将椅子或抽屉装饰上桃粉色、暖黄色和薄荷色的简单图案。

百变的蓝色

蓝色是一种不分性别的中性色，并可以单色使用。配色方案中的浅蓝色可以使气氛变得轻松，深蓝色则能营造出富有戏剧性的效果。这一系列蓝色的融合适合打造明亮、宽敞的成人房间。

深蓝色与浅蓝色的融合。

1

2

3

为了使房间显得明亮又宽敞，墙壁刷成彩粉白色(1)，家具表面、窗帘和主要的软装饰品都使用石板蓝色(4)。

装饰品可以选择冰蓝色(2)、天蓝色(3)和风暴蓝色(5)。添置几个冰蓝色的落地大花瓶，或是上述三种蓝色相间的条纹披巾。放几个风暴蓝色的蓬松大靠垫，面料和纹理可以自由选择。

用炭作画

很早以前，人们用炭来作画。炭是一种古老的绘画材料。作画时，炭的用途很广，既可以用来描线，也可以用来上色。将炭色与一些合适的中性色搭配使用，效果十分惊艳。

灰色调可以营造出严谨、高雅的现代感。

颜色可以影响人们对于事物的观感，任何房间的气氛都由其主色决定，本配色方案十分适用于开放式的现代公寓。

家具选用浅罗勒色(4)和黑皮革色(5)，景观墙刷成豹灰色(3)，底色选用粉笔白色(1)以形成反差。

地毯和软装饰品使用浅灰色(2)，纹理可以多种多样，再挂上一些黑白对比强烈的印刷品和镜子。

粉笔白

中性色是打造宽敞明亮房间的关键，它能帮助你充分利用光线。以下所提及的颜色色彩强度相似，整体感觉和谐而轻松。这些明亮干净的颜色适用于生机勃勃的厨房或阳光充足的卧室。

彩色粉笔画鲜嫩的颜色，像夏日一样清新。

1

2

3

家具和固定橱柜选用石灰色(2)，墙面刷成粉笔白色(1)，如果铺的是木地板，也漆成该色，保持整个房间清新明亮。

室内装饰或窗帘用漂亮的花卉图案面料，选择麻布色(5)与带一些灰白色和浅桃粉色(3)的浅砖色(4)相间的颜色。为了增加反差，使用不同的纹理和材料，配上一些花瓶或陶瓷碗来搭配这些漂亮的颜色，颜色可从上述强调色中任选。

魅力海景

汹涌的海洋、荒芜的海滩、神秘的蓝色和冷酷的灰色，大自然蕴藏着无穷无尽的灵感，我们却还未加以利用。海洋的颜色和色调变幻莫测，选用海滩上多变的贝壳色调和沙色来与灰蓝色、昏暗天空中的高光和低光部分形成互补。

深蓝

海景赋予我们灵感。热带海岸边浅浅的沿海水域清澈无比，这是大自然色彩的融合，你可以用荧光黄色和珊瑚橙色衬托深蓝色，来重现这一色彩美景。

本配色灵感来源于海岸色彩。

尽情展现你的艺术细胞吧！先将孩子的卧室或游艺室的墙面刷成深蓝色(1)，留一块区域或墙面，用荧光黄色(4)、珊瑚橙色(5)、海蓝色(3)和水绿色(2)描绘出海底景观。地面可以漆成海蓝色或铺上该色地毯，再铺上几块色彩各异的大地毯。

灯罩选用明亮的珊瑚橙色，家具漆成水绿色和荧光黄色，营造生机勃勃的氛围。

蓝色深海

众所周知，蓝色令人镇静与放松，极其适用于卧室、浴室和书房。然而，蓝色也显得冷淡，所以要选择暖色底色的蓝色，或将蓝色与暖色调结合，使气氛温暖起来。

暖色调的天然石材与冷色调的蓝色十分互补。

1

2

3

4

5

本配色方案适用于现代风格的浴室。

墙面漆成深蓝色(1)，贴上米色(4)和土砖色(5)的天然石材。白色代表着“干净”与“新鲜”，十分适合浴室的氛围，因此，可安装纯白色(2)的石灰岩卫浴。

尽量保持简洁的风格，毛巾和装饰品选用晨雾蓝色(3)和深蓝色。

暴风雨

海洋与天空中有着许多不同色调、不同饱和度的蓝色和灰色，大自然拥有奇妙且丰富的色彩组合，这些组合会在设计中反复出现，若使用得当，暗色在小房间里也能大放异彩。

本方案色彩硬朗，适用于书房。

房间的墙面刷成风暴蓝色(1)，木制部分刷成浅灰色(2)，如壁炉炉台或壁炉架。窗帘和遮光帘可选用浅灰色或浅海绿色(5)。

用花卉图案装饰轻便椅，颜色选用乌云色(4)和浅海绿色的结合。放一些靠垫，颜色可在上述颜色中任选，增添一些能反光的钢青色(3)装饰品，如烛台、花瓶和相框。

浮木艺术

在海滩上捡起浮木，并想象它来自何处，是一件十分浪漫的事。你也可以采购现成的浮木产品，如大师工匠们制成的家具、镜子和装饰性雕塑。

漂白的强调色，带来浮木感。

1

2

3

4

5

为了给浮木装饰品创造一个完美的背景，墙面刷成风暴蓝色(1)，选择一面景观墙，贴上风暴蓝色和晨雾蓝色(4)相间的壁纸，图案要流畅、优雅。

选浅色的家具，漂白或浅色木饰面均可。地上铺一块晨雾蓝色和贝壳色(2)相间的条纹大地毯。家具漆成浅沙色(3)，在房间各处摆放几个不同纹理、质地的靠垫，颜色可选用风暴蓝色、晨雾蓝色和暗木色(5)。

新英格兰格调

贴花靠垫、手工锻造铁钩上的心形细节、装饰性马口铁标牌、钉板、覆木墙壁和百叶窗，是新英格兰风格的典型代表，适合用在家用客厅。

一个家常的、舒适的配色方案，是家庭生活空间的完美之选。

1

2

3

4

5

将钢色(1)作为主色应用于整个方案，木百叶窗漆成该色，使之成为方案的焦点。墙面刷成蓝雾色(3)，用锡制的标志、配有钢色外框的木色(5)船模型和海景图片来装饰。

沙发套可选用厚重的钢色棉布，配上几个浅蓝色(2)和蓝雾色的天鹅绒软垫。选用夏克尔风格的木色家具，用红旗色(4)、钢色和白色相间的美国星条旗纹样装饰的椅子或脚凳。

引人注目的景色

使用本方案或与本方案相似色调的颜色可以把海景之美带入你的家中。简单地装饰你的窗户，从而最大限度地利用美景，在窗户上放几个花盆，将人们的视线引向远处的风景。

简约装潢，充分利用美丽的海景。

将此配色应用于园艺室或阳光房，墙面刷成钢色(1)，木制部分刷成纯白色(2)。在这类房间中，窗户通常是最大的特色，所以在装饰时要慎重。如果窗户较小，可以装简单的钢色卷帘；如果窗户较大，可以装窗帘或罗马帘，颜色选用钢色或摩卡色(3)。

用黑色(4)和铬灰色(5)家具来点缀整个房间，在黑色花盆里种上茂盛的绿色植物，将其放在窗台上。

崎岖的景观

谈到海景，人们通常只会联想到大海本身，而忽视了海边的沙子、悬崖和天然的岩石其实也是海景的一部分。用天然石材和大理石来装饰浴室，十分漂亮。

把矿物引入现代风格的浴室。

1

2

3

4

5

把天然大理石作为主要材料，在地板和景观墙上贴上冰色(2)和水粉灰色(3)的大理石，其余的墙面刷成火石色(1)。

传统贵妃缸能给浴室增色不少，浴缸外部和支脚刷成火石色。

加入一些漂亮的纺织品，将色彩融入这个柔和的主题。浴室中的窗户挂上柠檬黄色(4)和中蓝色(5)的丝绸透明纱帘或罗马帘。选用中蓝色的毛巾和浴垫，让房间焕然一新。

海岸线

咸味的空气和猛烈的海风形成了海岸线上的风化岩石和悬崖峭壁。想象一下，白色的崖面围绕着大海，勾勒出起伏的海岸线，这类简约风格适用于门厅。

简约的海滨风格，适用于明亮、清新的门厅。

1

2

3

4

5

椅子扶手高度以下的墙壁采用火石色(1)的涂料或壁纸，椅子扶手高度以上的部分贴珍珠灰色(2)和生丝色(3)的经典款壁纸。木制部分和家具刷成生丝色。

可选用淡紫色(4)的丝绸或薄纱窗帘，式样简洁的即可；若不需要窗帘，可给灯装上淡紫色的灯罩。

最后，在传统切割玻璃花瓶里插上一束鲜花，花瓶选用鲜亮的颜色，如浅蜂蜜色(5)，营造出温馨、亲切的氛围。

蔚蓝海岸

仿佛置身于美丽的白色村庄，沐浴在阳光下，四周围绕着大片的薰衣草田，还可以俯瞰蔚蓝海岸和深蓝色的大海。本方案适用于客厅和餐厅，可以重现普罗旺斯之美。

本配色灵感源于法国南部普罗旺斯的沿海村庄。

1

2

3

4

5

将巴黎蓝色(1)作为主色，并选择一面装饰墙运用该色，选用带有花卉、条纹、圆点图案的素色布料作为家具和纺织品的面料。其余墙面和地板都刷成石灰石色(2)。

选择一件家具刷成亚光灰色(3)，如梳妆台、书柜或衣柜。

将葡萄酒色(5)用于灯罩或花瓶等一对式装饰品，以增添方案的美感。最后，可摆上一些深橄榄色(4)和葡萄酒色的植物。

地中海微风

希望房间风格向欧陆式转变，可以从颇具活力的赤土陶器和地中海风格中汲取灵感。本配色中色彩的对比适用于面积较大的家用厨房或农舍厨房。

一组大胆，活泼、新潮的配色，适用于家庭厨房。

1

2

3

4

5

色彩柔和的浅色橱柜可以营造出一种温馨的氛围，用巴黎蓝色(1)和天空色(2)来粉刷厨房的套件，可与棕芥末色(5)的墙壁和沙色(4)的木质台面形成对比。

罗马帘可使用明亮的布料和蓝棕相间的图案，在厨房内加一些地中海风格的用品以点缀、配色，如木色赤土陶器，或乡村特色的酒架，营造出无拘无束的氛围。

风平浪静的海面

在本配色方案中，明亮的绿色和蓝色与各类图案、织物完美地结合，适用于主卧，令人仿佛置身于水边阳光明媚的阳台。

运用与海洋有关的诱人色彩，打造奢华的卧室。

1

2

3

4

5

墙壁刷成石板蓝色(1)，搭配海蓝色(5)的特大号床头板，可以选用细腻的刺绣面料，效果会很不错。选用粉米色(2)家具，木地板漆成浮木色(3)。

床单选择海藻色(4)和海蓝色(5)，装饰品和靠垫选择海藻色。对于窗帘来说，图案要尽量简约，可选用粉米色软百叶帘或薄纱帘，海蓝色落地丝绸窗帘也很合适。

东方的承诺

莲花植根于淤泥中，慢慢在水中向上生长，花瓣在水中舒展开来，最终开出美丽的花朵。夜晚，莲花收起花瓣隐藏在水下，黎明时分再次绽放。在古埃及的艺术中，莲花是美丽与纯洁的象征。

本配色方案的灵感来源于莲花，适用于客厅，效果十分惊艳。

为了打造一个精致、优雅的客厅，墙面刷成石板蓝色(1)，地上铺上雾色(2)地毯，将泥色(3)作为主色，用于室内的主要装饰织物，如罗马帘。

给一对脚凳或小椅子罩上莲花色(4)盖布，在主要的座位区域摆放几个宝石色(5)、雾色、石板蓝色和莲花色的靠垫。

在壁炉或烟囱的一侧可添置一对民族风格的雕塑或花瓶，增添一抹东方风情。

风吹沙丘

在这个温暖的配色中，海洋的自然色彩及其周围风景尤为突出。温暖干净的色彩使房间焕然一新，配色简单、清新又干净，十分适用于明亮宽敞的厨房。

使用草绿色和沙色，将户外美景引入室内。

1

2

3

4

5

墙面刷成冰蓝色(1)，厨房设备和家具的底色使用沙丘色(3)，会使厨房显得焕然一新。装上金沙色(2)的卷帘来点缀窗户，为冰蓝色墙壁注入新的活力。

放一张厚实的橡木搁板桌子，放上几张橡木长椅，再添置一些灯芯草色(4)和墨绿色(5)的软垫。碗盘选用蓝色或绿色，显得既平常又具有生活气息。

海岸寓所

巧妙地运用色彩理念，可以让空间灵活起来。

正如前文一再重申的那样，中性色很适合营造明亮的视觉氛围，可以使小房间看上去十分宽敞。本方案中活泼的配色适用于一些难以处理的入口或门厅，能给人一种舒适感。

1

2

3

4

5

在装修一些老式或结构比较奇特的房屋时，你需要仔细考虑如何最大限度地利用空间。例如，走廊通常空间较大，但又不足以形成一个“房间”或一个可用的空间。

这时，可以在墙上装一些玫瑰色(2)的固定储物盒或橱柜，再将墙面刷成冰蓝色(1)来形成对比。在木质座椅上放一些漂亮的棕腮红色(3)、朗姆黄油色(5)和深蓝色(4)的靠垫，图案可选用花卉、条纹或素色，也可混合搭配。

清新港湾

男孩们都喜欢船只，这个航海风格的配色适用于他们的卧室或游艺室。粉刷墙壁时从上至下刷，将墙顶部65%刷成暗蓝色，中间20%刷成宝蓝色，最后15%刷成草绿色(4)。

本配色明亮且有趣，适合打造男孩的卧室。

房间里摆上木色和纯白色(3)的家具，营造出航海风格。

可选用一些符合该风格的装饰品，如船形搁板、传统吊床或大号模型船。

地板刷成纯白色，铺上暗蓝色(1)和海藻色(5)的趣味地毯。被单和枕套的颜色可以在上述颜色中任选。最后，挂上宝蓝色(2)的遮光帘和纯白色的薄纱帘。

海滩小屋

这些柔和的浅色不仅适用于甜美的女孩房间，如果使用得当，它们完全可以打造出一间令人惊叹的、符合所有人喜好的卧室或客厅。

本配色将水粉色完美地混合，能使任何房间显得明亮。

1

2

3

窗户挂上花岗岩灰色(5)的长款窗帘，质地可选择重磅编织棉布或天鹅绒。将墙面刷成暗蓝色(1)，从而形成对比。家具可使用银白色(2)和浅粉色(3)的，保持整体风格整洁简约，避免色彩过于繁杂，让人厌恶。

铺上银白色和浅蓝色(4)地毯，如果是木地板，就选用编织地毯。

在暗蓝色的墙壁上添一盏醒目的灯，配上深色的木底座和银白色灯罩，同时在房间内腾出一点空间摆一个浅蓝色花瓶或玻璃饰品。

缤纷复古风

想象你手里拿着一杯迈泰（鸡尾酒），尽情享受热带风情，本配色中明亮、令人愉悦的强调色与静谧的浅海洋蓝色搭配得极好，若使用得当，能给房间注入生命力，效果也不会太过张扬。

此配色融合了20世纪50年代的休闲色彩。

将浅海洋蓝色(1)作为主色，可以极好地衬托醉人的粉红色和蓝色。将湿沙色(4)用于毛绒地毯或地板，选一些矮家具绘上通俗图案，颜色选择夏威夷蓝色(2)、海蓝色(3)和湿沙色的混合，大俗即大雅。

地板上再放几个海蓝色和地狱粉红色(5)的懒人沙发、小软椅凳子或地板坐垫，图案可选择印花或素色。添一些特定时期印花的复古式台灯和20世纪50年代的装饰品，从而整合整个方案。

天然海滩

一组大气的配色，适用于卧室，容易使人联想到冬日的午后，太阳从海面落下的景象。清新的海滩、深蓝色的海洋与浓郁的棕色非洲胡桃木相结合，营造出海边生活的气息。

素面朝天的配色，打造属于你的海边天堂。

1

2

3

收集一些天然物件，如有趣的贝壳、石头、浮木和旧板条箱，从而在家里创造一个海滨度假胜地。

家具可选用非洲胡桃色(5)，再配上浅海洋色(1)的墙壁，形成反差。添一些用航海面料——如条纹布或天然亚麻——制成的靠垫套和椅套，颜色选择贝壳色(2)、云色(3)和蓝墨水色(4)，若所有物件都带有手工感，效果更佳。

经典植物

这部分呈现的配色方案取自花卉之美，从大自然中最甜美的植物：紫罗兰、薰衣草、鸢尾花及紫藤的颜色和色调中获取灵感。紫罗兰可塑性强，色调令人振奋、十分具有感染力。闭上眼睛，想象花瓣柔软如丝般的质地，巧妙搭配色彩和织物，来诠释美妙的景象。

亚马孙之美

亚马孙覆满了绿色植被，大片水域点缀其中，像一片起伏的绿色地毯，是地球上最多样化、最原始的自然环境之一，本配色方案灵感便来源于亚马孙地区的神秘。

蓝紫色调可以营造出美好、宜人的气氛，适用于卧室。

墙壁可刷成醒目的深黑莓色(1)，并用一些云色(2)护墙板和亚光檐口进行点缀。用云色的天鹅绒或丝绸等闪光面料装饰大号床头板。

为了获得吸睛的色彩碰撞效果，窗帘选用紫罗兰色(4)，设计不要太过花哨。用亚马孙蓝色(5)的光泽面料装饰椅子，使它与暗色墙壁形成反差。摆一些灰色(3)的装饰品，使风格井然有序。

湖边闲情

在一组漂亮的林地色彩中就餐。

本配色容易让人联想起隐藏在森林深处的小木屋，坐落于一个略显忧郁的湖畔。这样暗沉的配色极其适用于夜晚的餐厅，可以很好地衬托明亮的强调色。

房间的背景墙可刷成黎明色(5)，窗户和门不能装在背景墙上，其他墙面刷成黑莓色(1)。在背景墙上添一些黑莓色和醋栗色(3)的装饰品以美化墙面。

用深苔藓色(4)装饰餐椅，绲边选用蕨绿色(2)。其他装饰品也选用绿色系，如桌椅、玻璃器皿和烛台。黎明色也是一种很棒的装潢颜色，将黎明色与本配色中的其他颜色结合，会营造出令人惊艳的整体效果。

冬日三色堇

三色堇是一种经常被人们忽视的植物，它有着白色、粉色、蓝色或紫罗兰色的花瓣，即使在阴天也熠熠生辉，能为沉闷的冬日带来欢乐和色彩。本配色从三色堇中汲取灵感，能使黑暗、沉闷、陈旧或狭小的空间焕发出生命力。

用活泼的冬季三色堇色来为幽暗的空间增添热情。

将充满阳光的活泼色彩用于儿童游艺室，用橙黄色(4)和橙红色(5)交替粉刷墙面，可以缓和紫罗兰色(1)橡胶地板的厚重感。橡胶地板不仅柔软，而且十分耐用。

在房间的一角挂一张深紫色、淡紫色(3)或柠檬奶油色(2)的吊床，或一个时髦的塑料秋千椅。

铺上几块橙黄色和橙红色的圆形地毯，并添置一些柠檬奶油色家具。

蓝铃花地

春天是一个充满生机的季节，蓝铃花色的木质地板饱含春天的气息。大面积的深蓝紫色包围着青绿色，其中点缀着树干的深棕色。整合这些颜色，就能得到一款令人惊艳的配色，适用于书房。

本配色充满春意，适用于书房。

将墙面刷成深紫罗兰色(1)，地板上铺一块灰树皮色(3)的地毯。放一张暖橡木色或红木色的维多利亚式书桌，配上一把灰绿色(4)的皮革椅。

选用精致的、充满书卷气息的窗帘和遮光帘，颜色和面料使用灰树皮色和紫蓝色(5)的织物或格子纹织物。

添置一件引人注目的玻璃饰品或大型陶瓷雕塑，使其成为焦点，颜色选用华丽的蓝铃花色(2)。

大自然的复兴

尽管这些颜色鲜艳又时髦，但它们都取自大自然。本配色适合打造完美的海滨别墅或海边小屋，无论用在哪儿，都能营造一种平静和轻松的气氛。

一组不同寻常的配色，具有鲜明的现代感。

地板刷成纯白色(2)，随意地添加一些条纹或星星的图案。墙面刷成灰蓝色(1)。

摆几张灰蓝色的粗斜纹棉布沙发，配上古色古香的土褐色(5)家具，这些家具与白色的墙面相得益彰。

用桃红色(3)和深粉色(4)的靠垫和小饰品来点缀房间，使其活泼起来。

百草园

新鲜的草本植物不仅具有美妙的味道和气味，也蕴含着丰富的色彩与质感，本配色的灵感便来源于此。

一组郁郁葱葱的花园风配色，适用于卧室。

1

2

3

4

5

灰蓝色(1)就像蓝罗勒的叶子，将其作为卧室的主色，床头板、地毯或地板选用柔和的百里香花色(2)来中和蓝色。

窗帘使用灰紫色(4)，缀上精美的流苏，或加上百里香花色的水晶窗帘钩。床上放一些薄荷蓝色(5)的靠垫，配上芥末黄色(3)或灰紫色镶边。

清新、明亮、振奋人心

有时，在设计的时候需要做出一些大胆的选择，如果你想要一些改变，试试这个充满活力的配色吧。这款配色非常适合开放式的生活工作空间，如工作室或仓库式公寓。

冷暖色调的混搭，给人以意料之外的效果。

将大部分的墙壁刷成深蓝莓色(1)，剩余的刷成浅麻灰色(2)。房间内重要的大物件可选用深蓝莓色，如最显眼的厨房设备，配上鲜灰色的操作台面和水白色(3)的高脚椅。

用明亮的橙色(4，5)地毯来分隔生活和工作区域，并放上几张深蓝莓色沙发。

摆几件色彩鲜艳的单品，如水白色脚凳或柑橙色(4)落地式花瓶。

柔和天然风

柔和的配色并不单调乏味，也不仅适用于女生卧室，只要运用得当，效果十分惊人。这些颜色最适合与天然织物和木制品搭配，不宜搭配闪闪发光的金属或抛光物品。

将柔和的配色运用于温暖舒适的私人空间。

本配色可运用于舒适的客厅，将墙壁刷成深蓝莓色(1)，家具选用拉绒棉的面料，来突出墙壁的柔和。再添加一张灰绿色(5)的沙发，放一些粉灰色(4)和飞燕草蓝色(3)的针织靠垫，边缘缀以浅蓝灰色(2)的纽扣。

如果想要使风格多样化，可将天然木制品与造型奇特的破旧家具搭配。在房间内挂一些飞燕草蓝色和粉灰色的相框，可与深蓝莓色的墙壁相得益彰。

寻觅松露

松露是一种昂贵的食用真菌，生长在法国和意大利森林中橡树和栗树的根部。它们有着美妙的口感，具有催情功能，本配色灵感便来源于松露的颜色。

漂亮的紫罗兰色与灰棕色的完美搭配。

此配色适用于画室或客厅，推荐把墙壁刷成鸢尾紫色(1)。如果房间里有木质壁炉架，将其刷成天然石色(3)，该色与鸢尾紫色十分相配。壁炉的材质选用真石质地，造型要简单。

铺一块柔软的长毛绒地毯，颜色选择浓重的松露色(2)，视觉效果华丽，触感极佳。添置一些配有青苔色(4)和花岗岩蓝色(5)相间的软垫家具，搭配鸢尾紫色和松露色的装饰品。

紫罗兰的惊喜

紫罗兰色通常与同名的紫罗兰花联系在一起，这种花有着紫色的花瓣。紫色是蓝色和红色的混合，也是本配色的主色。本配色适用于任何房间，尤其是厨房，效果十分出彩。

漂亮的紫罗兰色，十分适用于厨房。

将鸢尾紫色(1)作为墙壁的主色，厨房用具使用白紫罗兰色(2)和暗石色(3)，颜色要逐渐加深，否则效果会过于平淡。厨房的操作台面选用靛青色(5)，以保持色彩的连贯性。

放几把蓝紫罗兰色(4)的厨房用椅，搭配白紫罗兰色或暗石色的厨房用具，时尚又不失趣味性。

溪流潺潺

水有许多不同的特性，它是孕育生命的一个必要组成部分。水具有不同的宗教象征意义，在许多艺术作品中也被深刻探讨过。如何在室内利用水来营造静谧的氛围和运用水的反射特性，是古代风水理论的重要部分。

有什么地方比浴室更适合本配色呢？

在一个空间内，运用与水有关的配色，便能获得镇静、舒缓的感觉。

将墙壁和墙板刷成蓝铃花色(1)。地面可铺天然石头或石灰华质地的地砖，颜色选择红石色(4)和黏土色(5)，也可将木质地板刷成红石色。

添置一些金属蓝色(2)和亚马孙蓝色(3)的毛巾和装饰品。

夏日田野

想象一下，在一个阳光明媚的周日午后，你漫步在田野中，享受着醉人的夏日芳香。在客厅或更正式一些的会客室运用本配色，便能在家中重现这一美妙时刻。

一组充满夏日感的颜色，十分适用于客厅。

1

2

3

4

5

墙壁刷成蓝铃花色(1)或贴上该色壁纸。壁炉、梳妆台或大型的家具刷成浅蓝色(4)。沙发套选用苹果白色(2)和湖绿色(5)的面料，配以条纹图案或包含这两种颜色的精细图案。

挂上简单的玉米色(3)窗帘，也可以在窗帘底部加上湖蓝色绲边。装饰品、靠垫和艺术品可以任选以上柔和的颜色之一。

绽放

花朵的色彩和美丽历来都是艺术家和设计师的灵感来源。花朵的几大要素——形状、质感和色彩，几个世纪以来一直被人们所描绘，然而，花朵的清新感与香味却难以捕捉。

用清新靓丽的花卉来装饰房间。

尝试在家中运用本配色来捕捉花朵的要素。可将雅致的矢车菊蓝色(1)作为主色，本配色适用于会客室或客厅。

温暖的天然橡木地板可以很好地衬托出矢车菊蓝色墙面，或铺上一块粗麻布色(3)的地毯。室内装饰品选用粉百合色(2)，椅子或脚凳选用皮革色(5)。

窗帘或遮光帘可用深矢车菊蓝色(4)或粗麻布色。

土色

本书介绍的大部分配色方案，其灵感都来源于大自然，本组配色亦是如此。为了营造出轻松和亲切的氛围，可将矢车菊蓝色、石灰石色，与温暖、朴实的中性色调相结合。

本配色的灵感来源于我们所处的自然环境。

1

2

3

4

5

本配色适用于门廊，可令人眼前一亮。在地板和楼梯上铺上矢车菊蓝色(1)的地毯，楼梯立柱和扶手刷成浅沙色(2)，楼梯竖板下方的墙面刷成矢车菊蓝色。如果墙壁是镶板的话，效果更引人注目。

房间内的椅子选用驼色(4)或土棕色(5)皮革。添一些卡其色(3)、矢车菊蓝色和浅灰色的装饰品来丰富本设计。

神秘园

无论是种植在花园里的绚丽花朵，还是在田野或草地中肆意生长的野花，抑或是精心插在花瓶中的花朵，都给我们带来许多享受。将这组美丽的、以花朵为灵感的配色运用于你的卧室，仿佛能将花朵散发出的宜人芬芳保留在房内。

你会立刻爱上这梦幻般的色彩。

将墙壁刷成紫蓝色(1)或贴上该色壁纸，地毯也用同一色调，来营造梦幻、娇柔的氛围。如果你想要一面特色墙，选用带有一些绿石色(2)和暗树皮绿色(5)的紫蓝色墙纸。

若想要柔美一些的风格，选用玫瑰色(3)和紫蓝色的窗帘并使用精致的花卉图案。若想要中性风，添一些树皮绿色(5)和醋栗色(4)来中和。椅套和椅垫需和窗帘配套，若选择花哨的窗帘，前者不妨用简约的单色调，反之亦然。

甜美的梦

继续运用花朵柔软、芬芳、精致的特性，若想重现玫瑰花瓣的丝滑质感和美妙触感，尝试使用有质感的面料。此配色方案既柔软又温柔，极其适用于女孩的卧室。

花卉方案是女孩卧室的完美之选。

将墙壁刷成紫蓝色(1)，保留一面墙壁或壁炉腔，在其上简单地绘制一些心形、圆点或星星图案，颜色选用丁香紫色(2)、深奶油色(3)和紫蓝色，也可在墙上贴一些水晶和纽扣来装饰。

铺上乳脂软糖色(4)的地毯，或将木质地板漆成深奶油色，会显得明亮一些。

将家具刷成深奶油色，把手漆成紫蓝色。选择简约的棉质床上用品，颜色选用拿铁色(5)和乳脂软糖色(4)，配上丁香紫色和紫蓝色的漂亮枕头。

变换的季节

树叶的颜色随着四季的转变而变化，因此树木和树叶为配色提供了无限的色彩排列组合。将温暖的秋色与冷灰色调搭配，打造一间漂亮的客厅。

此配色灵感来源于秋天渐变的色彩。

在舒适的客厅中，添一张山楂色(3)和橡木色(5)相间的大沙发，衬托白兰花色(1)的墙壁，为房间注入能量和暖意。安乐椅覆上焦橙色(4)的厚实绳绒织物或奢华的天鹅绒。

地板铺上木烟色(2)的纯天然地毯，添加大量的艺术品和精选装饰品，使惹眼的山楂色贯穿整个客厅。

维多利亚式的豪华雅致

用浓重的经典色彩创造出华丽感。

人们常认为维多利亚时代的色彩暗沉又柔和，但它们十分适合宽敞、正式的环境。将中性色配上浓烈的强调色，可以营造出复古、宏伟的氛围，可用于客厅、餐厅或画室。

把墙壁刷成墨绿色(2)，将椅子扶手、挂镜线、相框和所有木制品都刷成白兰花色(1)，以突出墨绿色的深沉与经典。

为了和白兰花色的木地板形成对比，家具选用浓胡桃木色(5)。餐椅坐垫和所有的椅子或沙发都套上淡褐色(4)天鹅绒罩布。

在餐边柜或桌案上摆一个高脚玻璃台灯，配上玫瑰蜜桃色(3)的丝绸大灯罩。

重回大自然

将自己沉浸在治愈的绿色中，你会变得内心安宁、充满能量、振奋精神。在室内运用绿色系，能轻松将大自然的宁静氛围带入室内。本章重点是运用自然景观的颜色来制作配色方案。看看窗外——几棵银桦、泛黄的落叶、森林深处的神秘空地、平静的湖泊和宁静的天空，你会被周围的景物所打动。

茂密的红树林

我们应该好好借鉴大自然中的色彩来汲取灵感。在此配色方案中，采用代表着生命和成长的绿色作为主色，希望能借此为室内注入生机，将大自然的气息带入阳光房或避暑室。

让花房与花园水乳交融。

1

2

3

4

5

将阳光房或避暑室的墙壁和外墙都刷成宁静的奶粉色(3)。

家具用海藻色(1)，配上绿叶色(4)和土绿色(5)的靠垫，以再现户外植被的暖意。

阳光房内铺满果仁糖色(2)的木地板，并延伸到露台，打造可以与友人小酌的完美空间。

夏日草地

在一块未被开垦的草原上，点缀在广阔绿地上普通且美丽的鲜花和绿草令人叹为观止。不规则的图案、五彩斑斓的颜色和沁人心脾的芳香都有助于激发灵感。

在传统的卧室内使用一组兼收并蓄的草地景色。

若想在卧室内重现这种夏日的气息，将传统的铁艺床背后的景观墙刷成海藻色(1)。夏克尔风格的床头柜刷成阿尔卑斯白色(2)，其余的墙壁也使用同一色调，与浓重的海藻色形成鲜明对比。

床品用深紫红色(5)、暗紫色(4)和草绿色(3)的百衲被或盖被，添几个以上任何颜色的素色靠垫。最后，在床头柜上放一个漂亮的花瓶。

大自然的盛装

本配色利用了大自然林地的色调，这里所展示的深绿色和深棕色是营造正式氛围的理想之选——无论是餐厅还是会客室。为了给他人留下深刻的印象，需要选用高档的家具和精致的装饰品。

在一个正式的餐厅里，要保持物品的整齐和对称。

灯光是一次完美用餐体验的重要组成部分，你一定不愿意身处黑暗之中，同时你也想知道自己在吃些什么。

墙壁刷成深灰绿色(1)，装一组七叶树果色(3)底座的现代壁灯，灯罩选用嫩黄色(4)。家具的数量不宜过多，只需一张大桌子和七叶树果色的餐边柜。椅子装上简单优雅的暖石色(5)软垫，挂上浅灰褐色(2)的落地窗帘。

整洁的小空间

相对来说，装潢大房间比较容易，至于小房间，则需要仔细考虑如何运用色彩以及如何最大化利用空间。私人空间或家庭办公室适合选用沉静的灰色系和蓝绿色系。记住，杂物不能出现在小房间内，要确保所展示的东西是有吸引力且整洁的。

在狭小的空间里，运用柔和的配色。

将灰绿色(1)作为房间的主色，所有椅子或独立式家具都使用该色。墙壁刷成冬日白色(4)，地上铺月光蓝色(2)的地毯。为了使房间显得宽敞明亮，架子也漆成冬日白色。

窗户上安装铜绿色(3)的木质百叶帘或简单的卷帘。类似文件盒、文件夹等储物容器使用暖灰色(5)和灰绿色。

银桦

若要营造安静的氛围，推荐使用冰蓝色和鸽灰色来提升灰白色的亮度，并与深绿色调搭配。这些美丽的颜色不仅适合复古风格，也适用于现代风格。

冷静高贵的色彩，适用于画室。

若使用得当，本配色可在任何房间内使用。如果想获得引人注目的效果，将灰白色(1)和草绿色(5)作为一组对比的主色，然后大胆地运用冰蓝色(2)和鸽灰色(3)吧。在本方案中，也可将鸽灰色作为地板和地毯的颜色。

旧椅子或沙发装上深苔藓色(4)的天鹅绒罩布，以获得豪华的质感。靠垫、窗帘等物品可使用其他颜色。

阳光普照的果园

以田园生活为灵感的清新配色。

想象阳光洒满了苹果园或柑橘林，你手中提着一个编织的大篮子，装满了从林园里摘来的成熟果子。此配色借鉴了上述的田园风光，适用于农舍或谷仓改造成的厨房。

乡村风格的厨房，其核心莫过于一个漂亮的老式炉灶，推荐选用浅苹果绿色(2)。

将房间的墙壁刷成灰白色(1)，贴几块漂亮的灰白色和薄荷白色(3)相间的防溅墙砖。

将温暖的橡木色厨房配件搭配金色(4)和稻草色(5)的手工漆厨柜，以呈现乡村风格，并配以类似风格的厨具。

波光粼粼

本配色的灵感来源于光线照耀在水上的效果。将暗色与亮色结合，使清新的运河绿色焕然一新。本配色可以打造出20世纪30年代风格高级奢华的卧室。

独特的深色搭配明亮的光线。

用经典的玻璃台灯和几何形镜子把灯光映射到运河绿色(1)的墙壁上。床头板装上覆盆子色(4)的丝绸罩布，缀上深巧克力色(5)的纽扣或绲边，床头任意一边装上深巧克力色的壁灯。

窗下摆一把覆盆子色或橡果色(3)的躺椅，椅脚用深巧克力色装饰。

铺上象牙色(2)的地毯来平衡暗色，并用风格独特的雕刻品来加以装饰。

引人共鸣的暮色

黄昏时分不寻常的光线一直是画家和摄影师们的宠儿，被誉为“蓝色时刻”（源于法语“l'heure bleue”）。随着夜幕降临，这些朦胧的色彩可以抚慰你的心灵。

运用神秘而舒缓的柔和色彩来唤起平静的氛围。

1

2

3

4

5

黄昏色(2)是一种令人回味无穷的中性色，将其运用于特色墙，它所带有的灰色调和粉红色调使其成为神秘的颜色。其余墙壁刷成运河绿色(1)，窗帘选择淡运河绿色和深蓝绿色(4)的混合色。

木地板选用浓重的肉豆蔻色(3)，若用破旧一些的木材效果更好。

给优雅舒适的沙发套上运河绿色的罩布，放一些留兰香绿色(5)和深蓝绿色的靠垫。生起炉火，点一些蜡烛，开始放松吧。

天然石料

孩子们的房间不需要使用狂野和艳丽的颜色，试着打造一个诱人、平静的空间。同时，儿童房也应当是有趣的，添一些储藏物和装饰品来激发童趣。

暖色调的绿色和米色系是儿童卧室的理想选择。

1

2

3

4

5

将墙壁刷成暖石色(1)，选用耐磨且柔软的沙色(2)地毯，在壁龛里放上淡黄色(3)的架子。

书架上摆满书籍，盒子的框架上粘一排贝壳、栗子和橡果，这些天然艺术品看起来既漂亮又时髦。

选用带有绿叶色(4)把手的淡黄色卧室家具，铺上湖绿色(5)和淡黄色条纹或格子图案的小地毯，漂亮的儿童房便完成了。

古董的魅力

如果你在旅行途中收集了一些家具或手工艺品，试着在房间内随意地摆放它们，不要使房间看上去像一个博物馆！这里有一个小窍门：将物品根据颜色和风格进行分类，保持房间装饰风格的简单和中性。

随着时间的推移，本配色方案会变得越来越美丽。

1

2

3

4

5

暖石色(1)是一款很棒的中性色，可用做任何房间的背景色，将墙壁刷成该色。

玫瑰唇色(2)是一款少见的中性色，将它运用于一把旧翼椅会使人眼前一亮，将其搭配暗橙色(3)的窗帘。

其他家具可以使用暖石色、鳄梨色(4)和黑绿色(5)，装饰品选用以上任意一款颜色或这些颜色的组合色。

秋天的富足

本配色灵感来源于秋天的赭石色和深浅不一的棕色，这些丰富的色调十分适用于温暖的餐厅，也可用于舒适的客厅或其他生活空间。

秋天的颜色丰富而温暖，适用于打造餐厅。

将所选房间的墙壁刷成天然石灰石色(1)，与主窗相对的墙壁则刷成罂粟色(5)。

放置一张可可豆色(3)的桌子，与罂粟色墙壁形成对比，添一些带有肉桂色(2)灯罩的台灯。选用可可豆色和卡其绿色(4)混合的桌布。

将椅子装上肉桂色的罩布来完成整体配色。

冬天的洁净

银装素裹的风景、冷冰冰的天空和不时掠过大地的雪花。冬季是一年中最寒冷、最令人平静的季节，我们满怀希望，期待着春天的温暖。

干净清新的颜色，适用于打造门廊。

1

2

3

4

5

在通往厨房或餐厅的地面铺上天然石灰石色(1)的瓷砖。

大厅里镶上石灰石色嵌板，使地板看上去连贯整洁，嵌板外的墙面刷成雾粉色(2)。

在门廊入口处添一对冰柱色(3)、灰褐色(4)或苹果奶油色(5)的陶瓷架或落地式花瓶，营造出热情的氛围。

丛林色泽

在大自然中漫步时，你可能见过这些色彩。在现代公寓中，这些宁静的色彩同样让人感到自在。棕石色作为一种百搭色，配上沉静的大理石色，是卧室配色的理想之选。

在卧室里运用微妙的大自然色调。

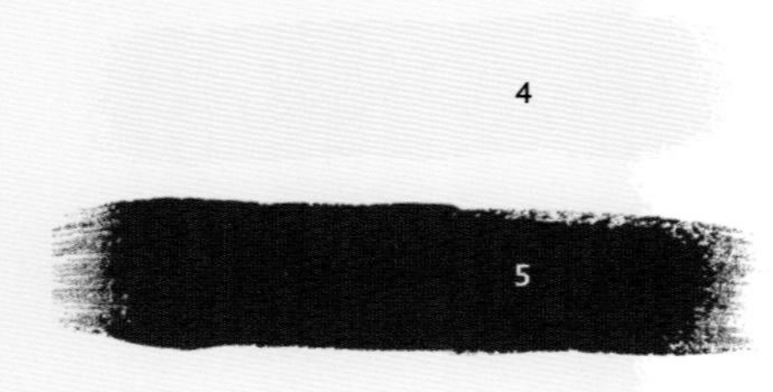

将大理石色(1)作为卧室主墙的颜色，配上棕石色(2)的床头柜和家具。床头板选用亚麻织物布料或生丝，颜色选择卡其绿色(3)、花瓣色(4)或烟草色(5)，在鲜亮的花瓣色被单和枕套的衬托下，更为亮眼。床上放几个与床头板相同色调的大靠垫。

此方案同样适用于现代式开放厨房或生活空间。在厨房里，选用烟草色的操作台面，厨房用具选用花瓣色和棕石色。

迷蒙晨曦

本配色灵感来源于一次清晨轻快的散步，当阳光穿过薄雾，风景变得清晰美妙。试着在室内运用这组明亮、清新的配色，打造优雅的生活空间。

巧妙搭配冷暖色调，将其运用于客厅中。

在一间房内叠加运用冷暖色调，能帮助你尽享光明与黑暗。把大理石色(1)作为房间的主色，配上本配色中最深的色调——石板灰色(3)作为地板的颜色。放几张灰褐色(2)的皮制现代式沙发，在中央咖啡桌周围放上几个蓝铃灰色(5)的大坐垫。

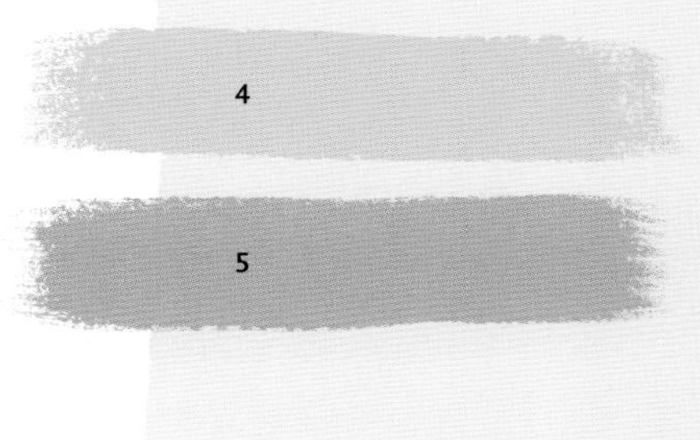

挂上雨云色(4)的落地窗帘以打造充满特色的窗户，装饰品的颜色可选用上述任一强调色。

蕨类植物的遐想

绿色代表着天然和能源，它能营造出平静、安宁、平衡的氛围，因此，你可在房间中运用绿色系的配色来放松自己的身心。这种使人放松的色调十分适合大浴室等私密的空间。

运用一系列绿叶色调，来营造使人放松的氛围。

陶瓷墙砖和地砖使用巴斯石色(1)，剩下的墙面刷成绿叶色(2)，毛巾和其他浴室装饰品选用深森林绿色(5)或其他绿色。

贵妃缸漆成软木色(3)，固定装置可以搭配干净的纯白色(4)。

这些颜色与天然橡木很搭，所以若有空间摆放独立式家具，可选用这种饰面。

迷恋森林

在卧室中再现幽深、茂密森林的神秘感。

进入森林，穿过沙沙作响的树木和人迹罕至的未知地带，你开始了一段神奇的旅程。你可以在家中复制这种感觉，找一卷精美的巴斯石色和卵石灰色相间的花卉图案壁纸，用它来贴满整个房间或只贴一面墙。

1

2

3

贴完墙壁后，地毯或木地板选择温暖的巴斯石色(1)。选择原野绿色(3)的平纹织物作为窗饰，配上卵石灰色(4)的绲边和天然皮革拉绳，十分漂亮。

放置一张深蛇纹石色(5)的四柱床，线条简单，作为房间的焦点。将放在床尾的脚凳或长凳装上鲜亮的翡翠色(2)罩布，给房间增添一抹强烈的色彩。

沙漠风情

黄色系中的太阳色调温暖且生机勃勃，它能赋予室内空间以灵魂。从简约的黄奶油色到色彩丰富的金黄色，将黄色作为底色可以给予北向空间暖意。试着从卡拉哈里沙漠正午的炎热中获得灵感——天空和焙烧黏土般的风景：枯草散落在金灿灿的沙漠上，烈阳炙烤着大地。在家享受棕色、黄色和橙色带来的色彩盛宴。

醉入绿洲

本配色让人想起炎热、干燥的沙漠，配色中温暖的赭色与对比鲜明的冷色调搭配得当。热带色调活泼且充满活力，配上凉爽的蓝色，氛围则变得沉静，十分适合用于儿童的卧室或书房。

一组明亮、有趣、充满活力的配色，适用于卧室。

1

2

3

4

5

把墙壁刷成明亮的向日葵色(1)，作为醒目的背景。

选择稍淡的颜色，如沙漠奶油色(4)作为地毯或地板的颜色。刷完地板后，铺几块水池色(2)、蔚蓝色(3)、向日葵色和深金色(5)的时髦地毯。

窗帘选用仿真花卉图案或印花图案，混合本配色中的所有颜色。将波普艺术风格的印花拼放在白色相框中，挂在墙上来完成设计。

集市繁华风

从埃及集市的色彩中汲取灵感。

想象一下开罗的老集市：在繁忙、热闹、喧哗的街道上，满是五彩斑斓的摊位，卖着布料、服装、香料、食品、传统珠宝和纪念品。这些物品，尤其是布料，具有独特的触感，是本配色的灵感来源，可打造低调优雅的风格。

1

2

3

4

5

给现代L型沙发罩上明亮的向日葵色(1)面罩。在自然色(2)和灰沙色(3)相间的中性色背景衬托下，天鹅绒、雪尼尔或皮革沙发看起来像是出自一个真正的设计师之手。

用黑醋栗色(4)和金棕色(5)的漂亮靠垫来衬托沙发，靠垫可以是有图案的、刺绣的或是素色的。添一些上述颜色的经典单品来完成设计。

游牧魅力

本方案中只有两个基本色，但通过组合不同色调的颜色，可以打造出一个丰富豪华的房间。将该配色搭配暗木色、镜面饰面和高档家具，整体效果豪华且惊人。

独特奢华，不同寻常的色彩搭配。

房间中央可以装一个土黄色(1)的大型鼓形吊坠灯罩，在柔和的淡紫色(3)墙壁的衬托下，效果十分惊艳。

选用奢华的茄子色(5)天鹅绒沙发，放几个印度黄色(4)的丝绸软垫，以加强方案中的黄色调。

在房间中央铺一块有纹理的蘑菇色(2)丝绸大地毯，在墙上挂几面华丽的镜子并用镀金框架装饰。

燃烧的赤橙

浅色、亮色或冷色是浴室配色中最常用的颜色，如蓝色、灰色或白色。也许你认为本配色不适用于浴室，但如果你的浴室空间相当大，能放下一个独立式浴缸，效果会十分惊艳。

一个温暖、轻松、柔和的配色方案，适用于浴室。

1

2

3

4

5

墙壁可以刷成土黄色(1)，浴缸外部漆成暗石色(3)。

地板用粗麻布色(2)，放上一些殖民地时期风格的独立式家具和装饰品，用暗木色与地面形成对比。

窗户挂上暗石色绲边的土黄色窗帘，借用镜子使光线最大化。

选择素色或条纹图案的毛巾，颜色可选择深粉色(4)、赤土色(5)或粗麻布色。

香料味道

香料贸易大约兴起于公元前2000年的中东地区，在中世纪时期，香料是欧洲最奢侈的商品之一。本配色的灵感源自香料的色香味，可以创造出别致优雅的效果。

一组由丰富的香料色彩构成的配色，适用于餐厅。

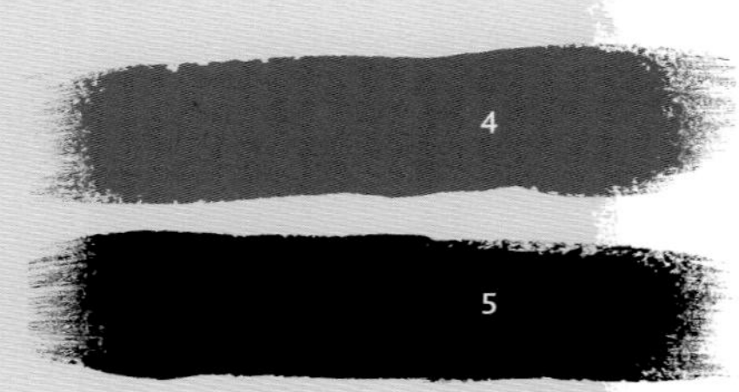

选用浓红褐色(2)的古董家具并给椅子装上金黄色(1)的罩布。挂上质地与家具罩布不同的金黄色落地窗帘，以提升房间的视觉高度。墙壁刷成象灰色(4)，在亚光灰色的衬托下，金黄色显得十分漂亮。

灯光对于营造餐厅氛围很重要，因此，在餐边柜或桌子上放一对带有黑玉色(5)灯罩的台灯，角落里放一盏有着粗麻布色(3)灯罩的落地灯。

风卷沙丘

用柔软的质感和暗色木材来提高单色方案的暖度。

想象一片连绵起伏的金色沙丘，未遭受人为破坏，似乎无边无际，沙子柔和地落在周围的海岸景观，形成了沙丘。用这些色彩来打造属于你的室内天堂，满足你日常所需的轻松氛围。

1

2

3

4

5

客厅里，选择金黄色(1)和百合色(2)的夸张壁纸，来衬托灰丁香紫色(3)的配有软垫的家具。添一些灰丁香紫色、淡金色(4)和黏土色(5)的编织物和羊毛靠垫。

就座区域铺上黏土色(5)地毯；如果是木质地板，就铺上一块有质感的大地毯来营造舒适的氛围。

用百合色、灰丁香紫色和金黄色相间的窗帘，挂在豪华厚实的暗色木质窗帘杆上。

墨西哥式火热

墨西哥风格热情、充满活力，是本配色的灵感来源，最重要的一点是它充满乐趣。橙色、棕色搭配乳酪色等暖色调，非常适合现代风格的客厅或开放式生活空间。

热情的配色，非常适用于现代式生活空间。

1

2

3

4

5

将相邻的两面墙刷成乳酪色(1)，其余则刷成温和的中性色，如米亚麻色(3)。该色可以衬托黄色，以吸引注意力。

木制品刷成纯白色(2)。百叶窗挑选上乘的复古材料，选用乳酪色和橙红色(4)。

装饰品可选用橙红色，在角落里放一把时髦的椅子或一盏台灯，配上暗木色(5)的简约现代式家具。

简约生活

黄色是阳光的代表色，令人愉快、明亮又清新。黄色搭配绿色和橙色的效果都特别好，根据不同的搭配，可以为房间营造出不同的氛围。黄色热情又欢愉，十分适用于厨房或门厅。

用黄色给房间带来一点阳光。

1

2

3

4

5

门厅的墙面最适合使用深乳酪色(1)。

木制品用纯白色(3)，该色可与不同深浅的黄色组合。地上铺一块狭长的编织地毯，颜色可以选用灰绿色(2)、黄奶油色(4)和金黄色(5)，在门厅或楼梯上铺条纹地毯效果特别好。

此外，还可在窗台或家具顶上放一些盆栽植物，种在金黄色和黄奶油色的容器内。

加州仙人掌

本配色融合了温暖、干燥的砂岩颜色和芬芳的柑橘色，这些鲜亮的色彩和砂岩色很搭，形成了一组美丽的配色，十分适用于现代厨房。

一款现代风配色，使用了活泼的黄色和酸橙绿色。

1

2

3

4

5

温暖的砂岩色(1)有着奶油色调，十分适用于厨房墙面。操作台面、把手和瓷砖使用奶油色(3)，来保持整体效果的轻盈感。

鲜亮的色彩可使人眼前一亮，添一些酸橙绿色(5)的物件。

把餐桌刷成蜂蜜色(2)，台面可选用木色或奶油色，椅子则使用浅酸橙绿色(4)。

添一些色彩丰富、充满活力的装饰品，如一盆盆栽仙人掌。

沙漠玫瑰

暖黄色系相互搭配其实也非常漂亮，它们非常适用于阴冷的房间，可营造出暖意。黄色能反射阳光，可以驱除房间里的阴暗。

营造出光明和温暖氛围的一组黄色调配色。

1

2

3

4

5

本配色可营造光明温暖的氛围，把人造阳光带到每一个房间吧。

客厅的墙壁刷成砂岩色(1)，地上铺深金黄色(5)的地毯。给家具盖上砂黄色(2)和香草软糖色(3)相间的条纹罩布，放几个淡橙色(4)和金黄色的漂亮编织靠垫。

窗帘要明亮且轻薄，不能遮挡自然光。

简洁又经典

白色看起来简洁、干净、清新，常用于诊所，非常适合与黄色搭配在一起。本配色方案充分利用了这两种颜色的和谐关系，十分适用于厨房。

现代感十足的风格，简洁又经典。

1

2

3

4

5

若想打造经典的乡村小厨房，可将橱柜和木制品刷成纯白色(2)，装上黄铜把手和配套的水龙头。光滑的大理石操作台面使用纯白色和金属灰色(5)。

背景要阳光一些，墙壁刷成浅金色(1)，温暖的色调与大理石的冷色调形成绝妙对比。

挑选一些黏土色(3)、香蕉色(4)和金属灰色的陶瓷制品、储物罐和餐具。

室内天堂

不同的色彩唤起的感觉和情绪也不同，可以通过改变房间的颜色来营造特定的氛围，选择一些温暖的中性色作为房间的主色调，来营造轻松舒适的氛围。

改变房间风格最简单的方法就是改变配色。

1

2

3

4

5

将浅金色(1)这种暖黄色调的中性色搭配天然石色(2)和暗石色(3)等米色调，可用于从客厅铺到门厅的地毯，将两个房间联系在一起。

挑选深蓝色(4)和天然石色的印花织物，能增加房间的视觉高度，这些颜色在浅金色的衬托下十分漂亮。

添一些草本色(5)和闪亮的铬合金的家具，来增强本设计的现代感和魅力。

阿拉伯之夜

阿拉伯生活方式的色彩是本配色的灵感来源，在美丽的背景衬托下，大胆的印花图案、华丽的窗帘和有情调的灯光营造出了绝妙的氛围。可在室内借鉴阿拉伯风格，但切忌把房间弄得像舞台布景。

大地色和大胆的印花图案，适合打造异国情调的书房。

将沙丘色(1)作为主色，充分发挥创造力，大胆运用色彩和图案。使用一些大地色系的中性色，如天然石色(2)和绿泥色(3)作为互补色，加上一些强烈的色彩来突显这些颜色。房间中央铺一块橙黄色(4)或铜锈色(5)的大地毯，或挂上该色的窗帘。

添一些符合此设计风格的蜡烛和灯笼。

贝都因丝绸

本配色延续了阿拉伯主题，从贝都因游牧沙漠部落汲取灵感。层层叠叠的披巾、金属线编织布和散落在深色大木床上的靠垫，都能营造出贝都因帐篷的异国情调。

用天然丝绸和天鹅绒，来打造卧室的豪华感。

模仿沙漠包围帐篷的感觉，将墙壁刷成沙丘色(1)，在房间中央放一张豪华的桃花心木色(3)大床。

添一些紫色(4)和深孔雀绿色(5)的靠垫，靠垫上最好带有金粉红色(2)的特色装饰。可用天鹅绒和丝绸的碎料做靠垫和床罩。

地面铺上沙丘色或颜色更深的粗麻布，给房间内满布的质感材料打造一个中性色背景。

动人的风景

自然光线对景观有着很大的影响，无论是清晨清新的白光还是黄昏朦胧柔和的光线，都会改变景观的视觉效果。如果室内配色选择得当的话，人工光线也可以很美。

用相似色调的颜色，打造一组完美的配色。

1

2

3

4

5

色彩会随着光线的变化而变化，在确定选什么颜色之前，可先在一个小的测试区域上色，观察日夜变换时颜色的变化，你会发现同一种颜色在不同时间段看上去截然不同。

将沙漠奶油色(1)作为底色，地毯也可使用该色，木制品则使用暗白色(4)。

在客厅中，将浅柠檬色(2)、灰绿色(3)和浅蓝绿色(5)组合运用于室内装饰和织物陈设，窗户上挂上暗白色窗帘，充分利用自然光。

无垠的土地

灰褐色的房间看起来比较宽敞，本方案灵感来源于我们周围的自然世界。这些自然色调配上一组有质感的材料，可以打造高级感十足的卧室。

在中性配色中添加自然元素，营造出优雅淡然的氛围。

4

5

如果想打造一间时尚的卧室，那么不妨将墙壁刷成沙漠奶油色(1)，挂上厚重的灰绿色(2)落地窗帘。

选择优质的纯棉床上用品，颜色可选用纯白色、沙漠奶油色或灰褐色(3)。

选用暗色家具，如全黑色或胡桃木色。给卧室内的凳子或沙发套上黄奶油色(4)的罩布，放上鼹鼠皮灰色(5)的天鹅绒靠垫或抱枕，床上也放置该色的靠垫。

摩洛哥风情

想象一下那些坐落在阳光充沛地区的泥屋村庄：湛蓝的天空，连绵起伏的山峦上点缀着精致的花朵，贝都因人的帐篷和色彩斑斓的纺织品分布在四周。这部分的配色灵感源自摩洛哥，运用一系列橙色来协调和温暖不同的室内空间。

薄荷茶

在摩洛哥，与家人和朋友喝茶是一项重要的习俗。当地人喜欢把甘甜的薄荷茶盛在漂亮的镀金或彩色玻璃杯中，这是一种美妙的享受，也是本配色的灵感来源。

充满异国情调的色彩组合，适用于卧室或客厅。

将房间的木地板漆成暗红色(1)，在地板上铺一块粉红色(2)、白沙色(3)、乳白色(4)和泰国绿色(5)相间的摩洛哥风格的条纹小地毯，以柔化地板的颜色。

在床上或座椅上放一些靠垫和编织物，家具漆成乳白色和暗红色。

泰国绿色是一种引人注目的颜色，可以搭配漂亮的玻璃茶具或花瓶。

古老起源

这些橙色调的中性色让人想到了沙漠和沙漠中微妙的色彩变化，脑海中浮现出只能在沙丘上见到的柏柏尔人村庄。让这些颜色带你回到过往，在古老的世界中遨游。

本方案十分巧妙地捕捉到了摩洛哥神秘魅力的精髓。

这款配色可适用于任何房间。若想在开放式空间中使用，可将墙壁刷成暗红色(1)。为了区分生活空间，厨房和就餐区域使用灰褐奶油色(2)，厨房用具仍使用暗红色。

为了保持房间的整体感，挂上灰棕色(3)的遮光帘，选用那不勒斯黄色(4)的现代沙发和金棕色(5)的单人椅。

天然颜料

昔日，颜料是由研磨的矿物和植物制成的，这意味着色彩种类会受到限制，而且某些颜料的生产成本很高。如今，颜料由化学物质制成，因此色彩千变万化，本方案灵感来源于早期的天然颜料。

将这款配色用于沉静的书房或家庭办公室。

1

2

3

4

5

回归到基本色，使用柏柏尔棕色(1)和深琥珀色(3)的条纹或格子地毯，墙壁刷成蜜桃肉桂色(2)，挂上简约的柏柏尔棕色遮光帘。

挑一张矿石色(4)的工业风办公桌，配上一把钢青色(5)椅子。

给一系列深褐色的图片装上矿石色相框，成套地挂在墙上。

摩尔魅力

现存摩尔建筑繁复的装饰和工艺令人惊叹，其中最令人印象深刻的是西班牙格拉纳达的阿尔罕布拉宫，无数的宫殿和富丽堂皇的花园中隐藏着许多惊喜，这也正是本配色的灵感来源。

完美配色，打造复古风格。

本配色的亮点之一便是注入了橙红色(5)，这种颜色很适合打造一个复古风格的客厅。

沙发可选择柏柏尔棕色(1)，背景墙保持低调，刷成象牙色(2)。

铺上肉色(3)地毯，在房间中央再铺上一块粉色(4)和橙红色相间的大地毯。

摆一盏有特色的弧形灯，配上橙红色灯罩。

鎏金溢彩

黄金从史前时代起一直备受推崇，它代表着财富、货币和珠宝，容易同许多其他金属铸成合金。同样，金色也能和许多其他颜色完美结合，不同色调的金色与棕色搭配，效果很完美。

金黄色调能为沉闷的房间或公寓增添一丝温暖。

1

2

3

4

5

地毯可选用蜜桃奶油色(3)，铺满一楼的整个地面，墙壁可刷成黄赭色(1)。

选择简洁的红褐色(5)家具，配上蜜桃奶油色的地毯和黄赭色的墙壁，效果十分惊人。主要的家具套上金黄色(2)的罩布，使其成为焦点，用牛奶巧克力色(4)加以点缀。

如果想打造现代风格，可添置一些带有印花图案的金色镜框或镜子。

朴实的幻想

充满活力的色调，适合打造一个灵活有趣的房间。

橙色是一种充满活力的色彩，可塑性很强。它的光谱很广泛，从炽热的血橙色到深栗色各不相同。橙色搭配其他颜色之后，色调看上去就会有所不同，将黄赭色配上平静的中性色时，就会呈现丰富的橙色调。

本配色适用于青少年的房间或儿童游戏室。

将墙壁刷成黄赭色(1)，作为主色，地板用巧克力焦糖色(3)，木制品或其他不易变动的细节刷成淡白棉布色(2)。

添上几把米色(4)的椅子，放上几个罗马黏土色(5)和黄赭色的靠垫和豆袋懒人沙发，床上用品也可选用上述颜色并搭配几个相配的靠垫。

绿薄荷屋

本配色让人联想到一座摩洛哥别墅，坐落在一片炎热干旱的土地上，繁茂的绿叶包围着它，四周围绕着喷泉和涓涓细流，在炎热的沙漠阳光下使人凉爽平静。在卧室使用本配色效果十分完美。

把摩洛哥的火热带入你的卧室。

将卧室墙壁刷成暗琥珀色(1)，这种色彩所带有的暖意会充满整个房间。选用对比鲜明的银白色(2)家具和石板灰色(3)的丝绸床头板。

窗户挂上暗琥珀色和薄荷色(5)的薄纱，里面再挂一幅绿叶色(4)遮光帘，以保护隐私。

床上用品若选用清新的银白色会十分诱人，再放上几个任意颜色的靠垫。

阿拉伯风情

在装饰家居时，若想要重现某个时代或某种文化，不要生搬硬套，而要根据主题元素精心搭配。在尺寸和对比上花点心思，便可使一些普通的东西变得独特。比如在床的两边放上大落地灯来取代床头柜和床头灯。

用沉静的中性色，突出强烈的阿拉伯风格。

1

2

3

4

5

粉灰色(2)的壁炉两侧各放一个暗琥珀色(1)的大阿拉伯瓮，墙壁可刷成薰衣草水色(3)，地板刷成天然石色(4)。

选用深暖金色(5)的矮沙发，再放上几个不同质地的包含以上所有颜色的靠垫。

最后，装上粉灰色的窗帘或遮光帘。

外国香料

当你游览北非国家时，你会被其丰富的香料所吸引。北非料理的味道和颜色令人垂涎欲滴，回味无穷。运用本配色把异国风情融入你的房间。

把非洲的味道带进你的厨房。

将厨房墙壁刷成摩尔橙色(1)。由于墙面颜色强烈，厨房就要保持朴素。选用浅奶油色(4)厨房套件，搭配深绿棕色(3)地板。

泰格橙色(2)皮革餐椅十分时髦，会使人眼前一亮。平静的淡胡桃色(5)遮光帘能突显摩尔橙色的墙壁。厨房用具选用泰格橙色和绿棕色。

神秘的马拉喀什

若想增加设计的神秘感，你就需要添加一些能勾起人们好奇心的元素，或者是人们不理解或出乎意料的物件。要在室内达到该目标，可以放一些旧家具、奇特的古董和有趣的艺术品，或者试着用旧箱子当咖啡桌。

用独特的装饰品和家具，营造出神秘的氛围。

挂一幅摩尔橙色(1)的大抽象画，使其成为房间的焦点，画的大小要覆盖整面墙。将墙壁刷成鸭蛋色(4)来衬托抽象画。

放几张黑色(5)的复古沙发，将旧帽盒或一组木制台阶作为边桌使用。

窗帘和装饰品使用锈玫瑰色(3)和奶油橙色(2)，纹理和品种要各不相同。

摩尔式浪漫

若想打造诱人的东方风格，借鉴摩洛哥露天市场，打造一间赤褐色和沙色的卧室或小房间。为了突出感官刺激，要充分利用各种毛绒、性感的面料。

卧室适合采用感性的颜色和布料进行混搭。

将墙壁刷成沙暴色(1)，配上黄奶油色(2)的玻璃纱。

选用深灰褐色(3)的丝绸床头板，床上放一些肉色(4)和罗马粉色(5)的丝绸靠垫。

在床的任意一边挂上摩洛哥珠宝星灯，让灯光投射出浪漫唯美的几何图形。

地中海色彩

在干旱的沙漠，美丽的摩洛哥景观充满了爆炸般的色彩，其中最普遍的颜色是蓝色，经常用于单件式物品，如一扇门或一张桌子，这与摩洛哥风格中代表的橙黄色和粉色形成了鲜明的反差。

大胆、活泼的颜色，非常适合用在儿童房。

1

2

3

4

5

本配色可用于游戏室，把储藏柜漆成鲜明的地中海蓝色(2)，可将所有的玩具放在里面，柜子周围的墙壁刷成沙暴色(1)。

选用那不勒斯红色(3)和地中海蓝色的多功能座椅和豆袋懒人沙发。木制品和天花板刷成灰白色(4)。

在孩子们触手可及的墙壁上挂一块小黑板(5)，这样孩子们就可以在墙上涂鸦，给房间增加一丝童趣。

索维拉落日

索维拉是一座古老的城市，坐落在大西洋海岸，是摩洛哥一个十分受欢迎的旅游胜地。这座城市中有许多由摩洛哥民宅改造来的精品酒店，这些传统住宅以庭院为中心，容易让人联想起罗马别墅。

本配色将再现传统摩洛哥风格的温暖。

1

2

3

4

5

本配色的灵感来源于摩洛哥传统社区。厨房若可延伸到庭院或就餐区域，就将该区域的墙壁刷成撒哈拉黄色(1)，其余墙面刷成浅烟灰色(2)，地面使用天然石色(3)，完美过渡两个区域。

将农舍风格的厨房墙壁刷成深砖红色(5)。添一些暖粉色(4)和撒哈拉黄色的花瓶和花来作为装饰品。

马赛克梦想

虽然浴室的功能性很强，但它并不像其他房间那么引人注目。不过，若使用柔和的沙石色配上灰泥墙面，再搭配柔和的灯光，摩洛哥式浴室便能兼顾实用性和豪华感。汲取本灵感，把你的浴室改造成摩洛哥风格。

大胆地运用色彩和马赛克，让你的浴室充满活力。

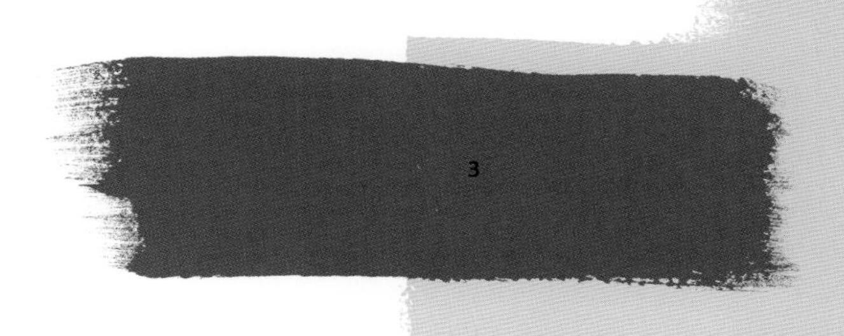

在嵌入式浴缸前建一个拱形出入口，浴缸后方的墙壁刷成雪松色(3)。拱形出入口和其余墙壁则在白色(2)的底色上薄薄地刷上一层撒哈拉黄色(1)，这样做会使房间看起来宽敞又明亮。

用一张简单的玻璃屏风隔离出淋浴区域，地上铺上紫罗兰色(4)和氧化绿色(5)的瓷砖。在一面大镜子的周围贴上马赛克，两边安装玻璃壁灯或古铜壁灯。

沙漠风暴

沙漠风暴猛烈而喧嚣，但在风暴发生的前后通常十分平静。若想创造一个宁静的私密空间，来逃离日常生活的喧嚣，可在生活区域运用本配色，再添置一些摩洛哥风格的精致装饰品。

奇特的沙漠色调和宁静的中性色调的完美结合。

使用浅色调的中性色并搭配优质天然材料。在客厅里放一张灰胡桃色(1)的L形沙发，沙发越大越好。墙壁刷成白沙色(3)，铺上浅褐色(2)的毛绒地毯。再摆一张撒哈拉金色(4)和锈玫瑰色(5)的沙发，围绕着沙发或靠着沙发放几个大坐垫，家具的数量尽量少一点。

挂上胡桃色的落地生丝窗帘，最后，在墙上挂几幅大尺寸的抽象画，色调为沙黄色。

隐藏的天堂

漫步在马拉喀什神秘的街道上，你永远也不会知道高墙之外的美丽。随意地穿过一道拱门，你就会进入一个庭院花园，一道道拱门环绕着庭院，通向富丽堂皇的美丽房间。

本配色可以打造出具有现代摩洛哥风格的皇家套房。

1

2

3

4

5

将房间里的墙面刷成灰胡桃色(1)，装上变色龙色(3)的木制百叶窗。

给座椅和床套上沙奶油色(2)的亚麻或棉麻罩布。铺上奶油橙色(4)和浅黄色(5)的纯棉床单，放几个与床单同色的丝绸靠垫。

摆一些深色木材和藤制家具，并添上一系列的奶油橙色和变色龙色的装饰品。

野外迷情

迷失在幽深的森林里，浓密的树林和灌木丛绵延数千里——棕色是荒野的颜色。棕色代表着皮革、木材和泥土的颜色，是一种沉稳的色调，它适用于很多场合。在室内设计中，它也是一种实用的颜色，搭配少许蓝色和绿色或鲜明的红色和黄色，效果极佳。

原始线条

棕色是一种美妙、浓重的颜色，不像黑色那样冷酷，它令人想起木材和皮革。它是一种大地色彩，在大自然中随处可见。如果在现代配色方案中把棕色作为基色使用，效果很好，并且能提升房间的暖意。

棕色是现代中性配色方案中的一种常见色调。

本配色底色是精致的苦巧克力色(1)，该色适用范围很广。若想打造现代风格，将它配上鲜亮的强调色；若想打造优雅的风格，则配上低调的中性色。

门廊里的主要家具，如桌子或皮椅，可以刷成苦巧克力色。墙壁刷成浅雨色(2)来提亮房间。挂上军绿色(3)和灰褐色(5)的窗帘或遮光帘。

摆一对粉红黏土色(4)和灰褐色的灯具或花瓶，来减弱暗色家具带来的压抑氛围。

当棕色遇到粉色

棕色温暖又低调，粉红色活泼又富有女人味，它们是一组完美搭档。将棕色的天然色调与温暖的粉红色结合，并搭配豪华的面料和纹理，打造一个美丽又浪漫的卧室。

在浪漫的卧室里，运用棕色和粉色达到完美的平衡。

选用银粉色和深巧克力色(1)的壁纸或织物，将其作为本配色的基础。若想打造更豪华的风格，将床附近的墙壁贴上壁纸或给床头板后面的墙面镶上嵌板。

选一套深巧克力色的家具来衬托粉色，挂上简约的银粉色(2)遮光帘。

剩余墙壁刷成朦胧的淡云色(3)。添一些姜红色(4)和枣红色(5)的装饰品，如灯具、陶瓷制品或其他纺织品。

非洲狩猎之旅

“狩猎”一词有着特定的主题和风格：卡其色的服装，头盔和兽皮。虽然本方案中没有动物图案，但借鉴了非洲荒野的自然色调。

通过一层层叠加的颜色、图案和纹理，来打造现代风客厅。

1

2

3

4

5

这是一组应用十分广泛的配色：将浅色调的白色(2)和白棉布色(4)与棕色调的深栗色(1)和浅黑色(3)进行对比。使用像龙蒿色(5)这样单一的颜色来作为醒目的强调色。

若想把这种搭配法用于沙发，主要的面料选择深栗色亚麻布，放上几个有质感的靠垫，材质可以是浅黑色纯棉的、白棉布色丝绸的，或是白色毛毡面料的。在沙发扶手上铺一条简约的龙蒿色披巾。

动物特色

用动物花纹元素打造狂野的设计风格。

非洲满是阳光、野生动物和壮丽的景色。想象一下在炎热的夏天，一望无际的原野上，一只猎豹正追逐一头角马，或者一群狮子在享用猎物。本方案从兽皮的颜色和设计中汲取灵感。

给一面墙或部分墙面贴上有纹理的深栗色(1)壁纸，以制造动物花纹的感觉。

用简约的亮灰色(4)现代家具来衬托墙面。放上一个深琥珀色(2)的大靠垫、一幅抽象画或一把椅子，为房间增添活力。

最后，添一些平纹或织法简单的桃橙色(3)和紫褐色(5)柔软织物完成本方案。

原生态

秋天的一片落叶也许就是你的灵感来源，学习黄色、棕色和绿色如何在花园中巧妙地融合，从而创造出完美与和谐的美景，并试着把这些运用于阳光充沛的开放式厨房中。

只需看看窗外，就能获取色彩搭配的灵感。

选择一面墙，贴上深土砖色(4)瓷砖，剩下的墙刷成浅金色(2)。选用橄榄绿色(5)和浅金色的条纹窗帘，来突显绿色调。

厨房桌子和厨房用具选用深褐色(1)，这也许会使房间显得有些灰暗压抑，不过可以选用朝阳色(3)的操作台面和餐椅来平衡配色。

厨具和餐具可选用本方案中任意一种颜色。

天然质地

完美的配色，打造经典华丽的浴室。

深棕色系并非浴室的理想选择，但在杏仁白色和薄纱色等较浅的中性色的衬托下，深褐色的浴室家具可以营造出高雅的精致感。在浴室内巧妙运用这些配色，会收获惊人的效果。

淘一张深褐色(1)的传统木制梳妆台，配上厚实的薄纱色(3)天然石顶，以及颜色相近的地砖。

其余墙面刷成杏仁白色(2)，选用杏仁奶油色(5)的条纹窗帘，缀上亚马孙蓝色(4)的窄条纹。

放一些蓬松的软毛巾和一个藤条洗衣篮，颜色可选用杏仁白色或杏仁奶油色。

海滩漫步

沿着荒芜的海滩散步数小时并静静地思考，是令人愉快的体验。你可以在一次海滩之旅留下一些有意义的纪念品，如拍下你孩子的手脚印，并把它们挂在楼梯侧面的墙上或走廊上。

该配色方案的灵感来源于海滩漫步。

在你的家里运用这个充满活力的天然配色，把户外的生机引进室内。

墙壁刷成黏土色(1)，特色墙刷成园绿色(4)，并把该色作为照片墙的底色，照片配上白黏土色(2)和黑泥色(3)的相框，挂在墙上。

铺设地面的材料选择卡其棕色(5)，该色可以与本方案中的绿色交相辉映。门廊里放几个白黏土色的落地花瓶。

地球之水

和布置其他房间一样，装潢家庭工作室时也应当深思熟虑，确保它是一个令人愉快的工作场所。本配色以鲜亮的蓝色为主色——蓝色通常与冷静和清晰的思维联系在一起，因此是工作环境的理想之选。

棕色调搭配活泼的蓝色，打造充满活力的工作空间。

1

2

3

4

5

把墙壁刷成黏土色(1)，奠定房间的基调。储藏柜可选用泉水色(3)的木质家具，放一些颜色较深的盒子或文件，如薄荷色(2)和深巧克力色(5)。温暖的棕色调配上明暗不同的冷色调，效果十分完美。

摒弃常规的办公桌，挑选一张原木色(4)的小桌子，再配上一把舒适的软垫椅，垫子选用漂亮的薄荷色。

隐士的海湾

有时候，我们会想逃避喧嚣的尘世，回归自然和简单的生活方式。从隐士的生活中汲取灵感，在家中舒适的小房间或安静的角落里运用这些温暖舒适的配色，尽情享受放松的时光。

一组性感、舒适和温暖的配色，让你身心放松。

给至少一面墙贴上银桦色(1)和野玫瑰色(4)的花卉图案壁纸，其余墙面刷成银桦色。

放置一张柔软的灰褐色(3)沙发或坐卧两用床，配上深象牙色(2)和浅山茱萸色(5)的靠垫。尽可能把靠垫分层堆放，这将进一步增加房间的舒适感。

关掉主要照明，用山茱萸色灯罩的灯具来漫射灯光。

木之爱

作为自然界的一大成果，不同的木材有着不同的质感和色调，它们在家庭装修中一直占据重要地位。如果你喜欢木材的天然感觉和色调，就多用用它们，可将古色古香的旧木材配上新型木材，淡色配深色，或光滑质地配上粗糙质地。

互补或对比的木色调互相搭配，效果很好。

在餐厅里摆一张柚木色(5)的木桌作为房间的焦点，桌子中间放上泥色(2)的木质花瓶或装饰品，餐边柜使用暗木色。

餐椅装上浅橄榄绿色(3)的罩布，椅腿漆成泥色。房间保持简约风格，墙壁刷成银桦色(1)。

添置一些简单的装饰品，如一对白黏土色(4)的陶瓷灯，在木色和银桦色背景的衬托下，效果很棒。

破冰之旅

在以荒野温暖色调为主的配色里出现“冰”这个字似乎有些突兀，但对比是本次配色最大的亮点。可用卡其色搭配丁香紫色和蓝色，打造一间豪华感性的男性卧室。

冷暖色搭配，适合男性卧室。

墙面采用白紫色(2)和卡其色(1)作为主色的精美墙纸，并在此基调下放置深泥色(3)的家具，如现代式四柱床。

窗户挂上宝蓝色(4)和钢青色(5)的丝绸窗帘。

角落里放上一把躺椅，铺上丝绸或天鹅绒卡其布面料的罩布，再放上有着钢青色和白紫色图案的漂亮靠垫。

雪晶之美

棕色非常适合打造温馨的客厅，它们能为房间注入暖意，但有时也会使房间显得阴暗抑郁，因此，通常会用棕色搭配清新的白色来使配色平衡，为房间注入光亮。

用温暖的棕色调来提升雪白色和冷灰色的暖意。

卡其色(1)是一款百搭的中性色，适用于墙壁、家具和室内装饰。若想打造成熟风格的客厅，可把卡其色作为主色，用白色(3)的丝绸面板装饰一面墙，这样就能反射光线使房间更明亮。

在白色的墙前放一张暖石色(5)沙发，选用复古皮革或绒面革材料。

摆一些白色家具，以及浅薰衣草紫色(4)和冰灰色(2)的装饰品，如玻璃茶几或灯座，作为点缀。

崭新的黎明

拉开窗帘，欣赏黎明的曙光，实在是一种享受。当阳光洒入房间，我们便深深地被户外的美景所吸引。本配色方案可以重现户外美景，选用现代耐候性防水面料和家具，在院子或阳台中运用本方案。

打破常规，将家具摆放在室外。

选用生姜色(1)的由藤条或柳条编成的家具，放上大量的软垫来平衡生姜色，选择色彩鲜艳的大靠垫，如浅粉色(2)。在座椅前搭一个棕石色(5)藤架，挂上华丽的自然光色(4)顶篷。

四周挂上柔和的红褐色(3)玻璃风灯，当夜晚降临时，用蜡烛点亮这些灯。

炽热的沙漠

温暖的橙色和棕色让人想起具有异国风情、炎热、干旱的风景。本配色不仅包括了天然的大地色彩，营造出温暖的风格，也大胆地使用了生姜色和花蜜色，增添了趣味和生动性，适用于阖家居住的生活空间。

用温暖的橙色和黄色点亮中性色。

1

2

3

4

5

把墙壁刷成生姜色(1)，配上花蜜色(5)大沙发。房间中央铺一块大地毯，颜色可以选用金银花色(2)、浅褐色(3)、花蜜色或生姜色。挑选暗木色(4)的厚重桌子和餐边柜，配上大橱柜和抽屉。

创造性地选用灯具，天花板中央挂三个不同高度的大吊灯，分别用金银花色、暗石色和花蜜色，打造出充满设计感又不失温馨的房间。

白烟袅袅

竹色作为较淡的卡其色，也是一种很棒的中性色，适用范围很广泛。在本配色中，将烟灰色与冷暖色调搭配，可打造时尚现代的厨房。

烟灰色和明亮色调的搭配，适用于现代厨房。

把橱柜刷成烟灰色(2)，瓷砖选用银绿色(3)，这些颜色在竹色(1)墙壁的衬托下十分漂亮。

将就餐区域的墙壁刷成暗石色(4)，这将以温和的方式强化空间。

选择带有一点银绿色调的烟灰色遮光帘。添一些余烬色(5)装饰品。

安静的色调

中性色可以与其他颜色协调地搭配，打造不同的方案或风格，因此，很多设计中都有一款基本的中性色调贯穿整个房间。增添一点强调色，就能改变整个房间的风格。

一组朴素的配色。

1

2

3

4

5

在开放式空间中，将竹色(1)作为房间的主色，并使用暖黑色(5)的家具。

窗户挂上简约的自然色(2)罗马帘，房间内放一块蜂蜜色(3)和暖黑色的小地毯，来突出就座区域。

在房间一侧放一个芸豆色(4)的落地花瓶，另一侧放一盏较小的同色台灯，与花瓶形成呼应。

手工织物

天然材料并不十全十美，多少会有一些瑕疵和不足之处，如果你喜欢它们的真实质感和款式，也可以将它们用于室内，因为这些瑕疵也可展现它们的魅力，获得独特的效果。

中性色与天然材料的搭配。

在客厅或生活区域，用大麻色(1)作为墙面的主色，在灰绿色(5)的木质窗帘杆上挂上简约的白棉布色(2)窗帘。

挑选海草地毯或木质地板，配上茄子色(4)的沙发或座椅。

为了增强质感和奢华感，在房间内放上几个丝绸色(3)和灰绿色的天鹅绒垫子。

磨损也耐看

在设计房间时，也许你会追求对称、整洁和有序。这样的想法会驱使你追求完美。但记住，并不是所有东西都要达到完美境界才好看。在卧室或客厅中运用刻意磨损的装饰，效果也不错。

不要总想着追求完美，试着打造属于你的独一无二的风格。

1

2

3

4

5

墙面采用大麻色(1)作为房间的主色。家具漆成暖石色(2)，以制造岁月感。地板、木地板或海草地毯使用暗石色(3)。

给椅子套上暗粉色(4)的罩布，在暖石色窗帘杆上挂上棕粉色(5)的窗帘，让整体配色偏向于粉色调。

灯具装低一些，放弃中央照明，选用落地灯和台灯。

繁星之夜

当云层散去，午夜的天空中闪烁着明亮的星星，这是大自然的奇观。它的神秘性造就了它的神奇与迷人，本配色灵感便来源于此，适用于现代厨房。

在现代厨房中融入夜空元素。

厨房用具的基色选择淡褐色(1)，操作台面选用夜空色(4)以形成对比。墙壁刷成引人注目的软树皮色(2)和白色(3)。

地面选用天然材料，颜色可选淡褐色或软树皮色。

最后，选用抛光的镍色(5)照明装置和把手来打造现代感。

性感的破晓

打造清新、阳光的现代客厅。

中性色调是一种模糊的色调，它不是单纯的颜色，而是模棱两可的颜色。这是灰色、蓝白色，还是米色？淡褐色是一种柔和温暖的中性色，带有一些粉色调，用途广泛。配上淡色强调色，来重现晨雾感。

1

2

3

4

5

在客厅中，铺上有橄榄绿色(4)斑点的淡褐色(1)地毯，墙面刷成淡褐色。

给家具装上橄榄色罩布，并用黄沙色(5)和绿雾色(3)点缀。房间中央挂一个有着橄榄色灯罩的大吊灯，再摆一些浅黄色(2)家具和橡木家具。

装饰品可选用以上任意一种颜色，效果都很好。

甜蜜冰激凌

甜美的粉色系通常适用于女性的生活空间。为了避免风格过于甜腻，可将粉色与冷淡的灰色系和硬朗的中性色相搭配。柔和、温暖、抚慰人心的冰激凌色是营造甜蜜生活空间的完美之选。

黑樱桃

本配色灵感源自黑色樱桃的深色调，并结合了许多其他颜色。偏冷的粉灰色能与浓厚、强烈的黑樱桃色搭配得很好，一同构造一款完美的设计。

浓樱桃色邂逅偏冷的中性色，打造优雅的卧室。

为了使以黑樱桃色(1)为主色的卧室更具表现力，软装饰品采用柔软的丝绸以及华贵的天鹅绒材料，墙壁和地板则选用石白色(4)。

在特大号拉扣床头板上装上黑樱桃色的天鹅绒罩布，铺上不同色调的粉灰色（2、3）的华丽丝绸床单。

窗帘采用黑樱桃色丝绸，再添上几件看起来很昂贵的黑橡木色(5)家具。

黑醋栗

浓烈的配色，适用于宽敞的厨房，令人心旷神怡。

在厨房里大胆地使用色彩会收获令人意想不到的效果。大多数家庭在厨房中待的时间最长，因此厨房在家庭生活中扮演着非常重要的角色，是主要的生活区域。运用本款精心设计的配色，打造出让你自豪的厨房。

1

2

3

4

5

厨房设备选用黑樱桃色(1)，再配上兰花色(2)的防溅墙和钢化玻璃工作台，制造出色彩的差异感。

将墙壁刷成浅石色(3)，来保持中性色调。地板与墙壁保持同色或选择相同色调的颜色，以免让房间的气氛过于压抑。添一些深黑醋栗色(4)和青石色(5)的家具或装饰品。

仲夏野莓

本配色由醒目、大胆、明亮的颜色组成，毫无疑问，它们可以给太冷或太大的房间注入暖意，但注意选用颜色时要保持整体的平衡感，每种颜色的使用量要不同，否则效果会过于厚重。

以浆果为灵感的配色，会给房间注入暖意。

在冰冷的客厅或画室中，将墙壁刷成桑葚色(1)，木制品刷成香草奶油色(2)。

地面选用香草荚色(3)的材料，铺上柔软的地毯。

主沙发或座椅选择卡其绿色(4)，不常坐的椅子选树莓色(5)。

装饰品可选用以上任意颜色，房间内多挂些镜子来最大限度地反射光线。

土耳其软糖

想一想土耳其软糖那粉末状的粉色糖衣和好闻的玫瑰芳香。若想在家里重现这种美味，可将淡粉色配上桑葚色运用于门厅，营造热情好客的感觉。

陶醉于土耳其的玫瑰香味和神秘感。

将嵌板刷成奶咖色(4)，墙壁可以刷成深桑葚色(1)。铺上有着桑葚色斑点的可可色(5)地毯，巧克力色系配上粉色系效果很棒。

选用糖霜色(3)的家具和可可色的大吊灯。

挂一些漂亮的花卉图案照片，配上糖霜色和奶咖色相框；摆上淡玫瑰色(2)的花瓶，插上几枝鲜花。

森林果实

由于人们每年只有冬天会用上暖房，暖房又通常与主楼隔绝，所以人们常常会忽视暖房的设计。但若用心设计装饰，暖房会充满吸引力，让你全年都想使用它。

本配色方案可把暖房和其他房间结合起来。

让暖房成为房屋一部分的诀窍是：在连通暖房到走廊的地面上铺设相同的地板，让暖房看起来是主屋的延伸部分而不是单独的房间。粉刷暖房内的墙面，不要露出砖块。

墙壁刷成暖石色(3)，木地板刷成浓果仁色(4)。

挑选荔枝色(1)的装饰品，并用雪纺色(2)和樱桃色(5)衬托。

异国情调

用华丽、浓厚的色调搭配沉静雅致的强调色。若想给卧室注入异国情调，选用荔枝色墙纸或油漆，墙壁挂上东方风格的版画和印刷品，配上淡绿色的画框。

风格化的花饰配上深色漆器家具，打造奢华感。

1

2

3

4

5

选择深巧克力色(3)的漆器家具，配上同色或淡绿色(5)的把手，增加豪华感。

用香草荚色(2)的床上用品，搭配绿泥色(4)和荔枝色(1)的花卉图案的丝绸靠垫。层层叠加的纹理和颜色可以体现出豪华感。

摆上一个深巧克力色的落地花瓶，里面插上几枝褪色柳。

微妙的平衡

很少有人会在厨房或餐厅使用粉红色，因为担心这会显得太孩子气或女性化。不过若精心搭配，利用粉红色可以打造一个非常优雅的生活空间。

精心搭配的粉红色系，打造高雅的厨房。

1

2

3

4

5

在厨房兼餐厅的房间内，选用咖啡奶油色(3)的木质操作台面和木质餐桌，保证厨房到餐厅的过渡十分自然。将厨房区域的一面墙刷成灰玫瑰色(1)，就餐区域使用灰玫瑰色窗帘，形成呼应。为了使房间看上去明亮宽敞，其余墙壁刷成烟灰色(5)。

在厨房区域放一个咖啡奶油色的架子，上面摆一些丁香白色(4)和石膏粉色(2)的陶瓷制品，实用又美观地储存物品。

接骨木花和玫瑰

在民间传说中，人们认为接骨木花可以辟邪，如今，它通常被用来制作草药茶或软饮料。本方案借鉴了接骨木花的微妙颜色，配上清新的玫瑰色，适合打造一个完美的客厅。

粉红色系搭配柑橘色系，在客厅中营造轻松的氛围。

1

2

3

4

5

将墙壁刷成灰玫瑰色(1)，配上有着明亮、清新的黄绿色(5)条纹的灰玫瑰色沙发。地板上铺放暗石色(2)的大地毯，沙发前可以再铺一块接骨木花色(3)的小羊毛地毯。

给脚凳盖上鲜亮的柠檬奶油色(4)盖布，可用作咖啡桌。在沙发的任意一边放上玻璃边桌，墙上挂一幅有以上所有颜色的大抽象画。

诺依特玫瑰

温暖的棕色配上橙色和粉红色，效果很棒。姬胡桃色是橙色和粉色的结合色，配上一系列棕色会非常出彩。

桃红色搭配棕色，效果很棒。

1

2

3

4

5

若想在传统浴室中营造现代感，可将卷盖式浴缸外部漆成姬胡桃色(1)，浴缸支脚漆成象灰色(2)。

地板可以刷棕橄榄色(5)，来衬托浴缸。如果要在淋浴区装瓷砖后挡板，选用浅胡桃木色(4)。

装饰品和毛巾用姬胡桃色、栗色(3)和浅胡桃木色，墙上挂一面传统的镶框镀金镜子来反射光线，增添高雅气质。

老冰激凌店

热情的姬胡桃色适合在餐厅使用，搭配象灰色和浅石色这样的中性色，可以打造优雅轻松的空间。保持简单的装潢，把餐桌作为焦点。

简约风格，打造经典餐厅。

1

2

3

将房间内的墙壁刷成姬胡桃色(1)，选用装饰照明来突出姬胡桃色的暖意。装上带有深黑樱桃色(5)丝绸灯罩的凝脂奶油色(4)壁灯，特别漂亮。在黑樱桃色木制餐桌的上方挂上同色灯罩吊灯。

4

5

装一个浅石色(3)壁炉架，在壁炉架的每个角落都放上象灰色(2)烛台，进一步衬托墙壁的颜色。地板颜色要淡一些，可以选择象灰色或浅石色。

英式太妃糖

现代社会中，大部分的室内设计以现代风格为主，多为时髦精致的开放式空间。这种风格虽然现代又时尚，但很难给人以家的温馨感，试着运用本配色来解决这个问题吧。

本配色能赋予开放式公寓“家”的氛围。

糖果色(1)能反光，为房间注入暖意，将墙壁刷成该色。家具和座椅选择暗灰色(3)和鹅卵石奶油色(4)。

地面铺上地毯或实用材料，颜色可选深可可色(5)，因为在开放式空间中，地面需要耐脏。

可以给房间注入一丝明亮的色彩，如在角落放一盏深粉色(2)的现代式台灯。

焦糖布丁

有时候，房间需要兼备多种功能。比如，一间办公室兼客房的房间需要既高效又实用，同时也要具有吸引力。将暖色调的中性色配上精致的粉红色系，有助于减轻工作的压抑感。

本方案可以打造一个既能工作又能休息的空间。

1

2

3

4

5

房内铺上糖果色(1)地毯，墙壁刷成凝脂奶油色(5)。挑选一张焦糖色(4)的沙发床，放几个淡灰色(2)和姬胡桃色(3)的靠垫。

挑选家具时要用心，挑一张漂亮的现代式桌子来代替传统桌子，并选用一个可以兼作衣柜的橱柜。

架子刷成糖果色，用藤条储物盒来放文具和其他工作用具。

草莓慕斯

人们通常为了给房间换个新貌才选择装修。一个时尚的方案也会有过时的一天，要找到永远不会过时的方案是一大挑战。可以试着将中性色作为基调来实现这一点。

草莓奶油色适用于大多数方案，不会过于甜腻，也不会过时。

1

2

3

4

5

草莓奶油色(1)偏棕粉色系，对所有房间来说都是一款极好的底色。

客厅的墙壁刷成草莓奶油色，配上淡灰色(2)地板和亚麻色(3)的窗帘或遮光帘，使房间显得清新明亮。

给草莓奶油色的亚麻布艺椅子加一条榛子色(4)的花边。再摆一张浅蓝绿色(5)的现代式矮沙发，上面放几个草莓奶油色的亚麻方垫和榛子色的天鹅绒靠垫。

咖啡豆

想象一下烘焙后的咖啡豆香味，本方案灵感来源于咖啡豆本身的深浓棕色以及咖啡豆的前身——熟而红的咖啡樱桃，试着在家庭生活区域运用这些颜色。

在客厅或儿童游戏室可以运用这些深色调。

将房间墙壁刷成草莓奶油色(1)。

选一张咖啡豆色(3)的厚皮沙发，沙发下铺一块时髦的血橙色(5)地毯。零散地在地上放几个咖啡色(2)和深粉色(4)的靠垫。带有超大几何图案的遮光帘和窗帘也选用这些强调色。

添几个有趣的咖啡色豆袋懒人沙发，供孩子们休息。如果有宾客来访，豆袋懒人沙发也能解决就座问题。

泰国魔术

要想打造一间带有成熟风的少女卧室，可将以下低调的粉红色搭配深色木制家具。粉红色的性感配上棕色的饱满感，能打造温暖热情的房间。

微妙的粉色调中点缀着异国情调，充满活力。

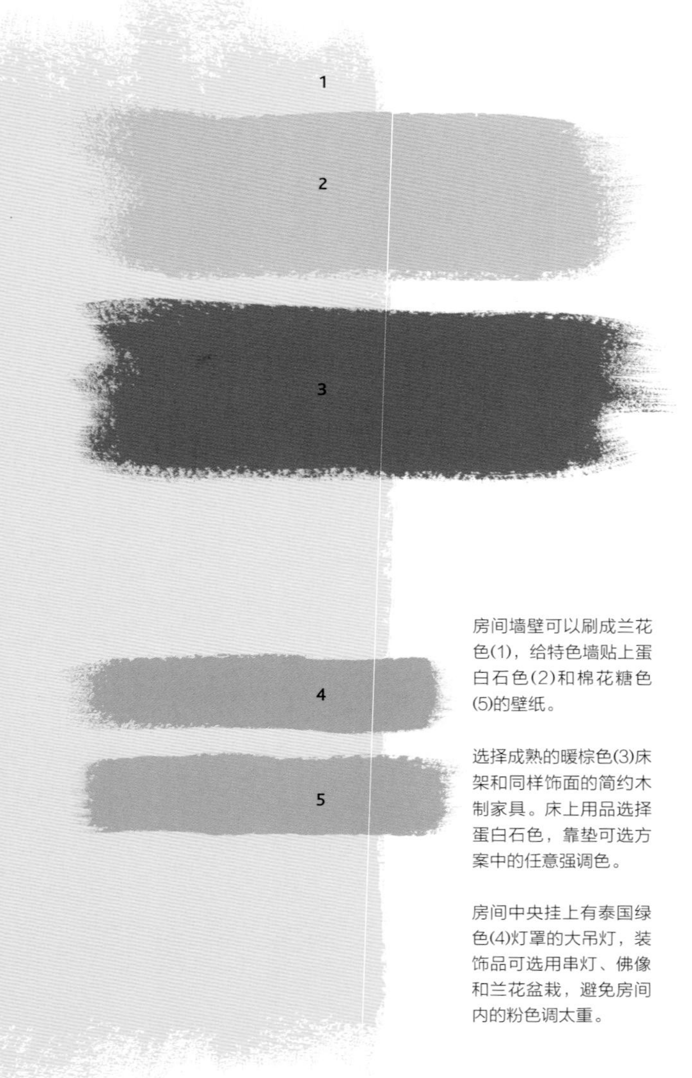

房间墙壁可以刷成兰花色(1)，给特色墙贴上蛋白石色(2)和棉花糖色(5)的壁纸。

选择成熟的暖棕色(3)床架和同样饰面的简约木制家具。床上用品选择蛋白石色，靠垫可选方案中的任意强调色。

房间中央挂上有泰国绿色(4)灯罩的大吊灯，装饰品可选用串灯、佛像和兰花盆栽，避免房间内的粉色调太重。

东方玫瑰

在本组不同寻常的配色中，柔和的兰花粉色调被棕色的中性色调和燧石色的蓝色调淡化了。本方案适用于开放式厨房。

一组现代风格的配色，色彩搭配出人意料。

1

2

3

4

5

将墙壁刷成柔和的兰花色(1)。厨房的厨柜可以选用香草色(4)和奶油色(3)。

选择暗木色(5)作为瓷砖或木地板的颜色，与淡色的厨房用具形成鲜明对比，操作台面也可使用该色。

挂上奶油色的百叶窗，底部装上暗石色的木制拉手。搭配燧石色(2)的陶瓷制品和厨具，给房间增添一丝灰蓝色。

粉红色与淡绿色

漂亮的粉红色和奶油色调的淡绿色结合，模仿花瓣光滑柔软的触感。本配色方案适用于休闲的客厅或卧室。

柔和的奶油色调，营造轻松氛围。

1

2

3

4

5

将浅桃色(1)墙壁配上淡绿色(2)地面。这两种色彩强度很相似，所以搭配起来十分完美。

窗户挂上深芦笋色(3)和石膏色(4)的花卉或条纹图案的窗帘。

家具也选择淡绿色，与同色地面相呼应，添几件粉橙色(5)的陶瓷花瓶和装饰品，来为房间注入一丝活力。

花露

粉色是红色与白色的结合，它拥有很多种色调，粉色可以被调成棕色、橙色、黄色和灰色。浅桃色带有一丝灰色调，看起来十分精致优雅。

中性色配上少许粉色，适合用在书房或小客厅。

1

2

3

若想稳妥一些，选用天然石色(2)的地板，墙壁刷成浅桃色(1)，会使房间显得明亮宽敞。

既然墙面和地板为奶油色调，家具可以选择大胆醒目的桑葚色(4)，再配上奶油色(3)和粉色(5)的圆点图案的靠垫。

挂上天然石色的遮光帘，上面最好带有漂亮有趣的粉色图案。

香草故事

香草柔滑、可口、美好，它属于爬蔓类兰花科植物，几个世纪以来一直被用作香水原料。香草色是一种百搭色彩，能搭配很多颜色，非常适合室内装饰。

本配色需要精心爱护，来保持干净和美丽。

1

2

3

4

5

用香草色(4)和白柠檬色(2)的条纹棉质沙发突出白桃色(1)的橙色调。

窗户挂上香草色落地丝绸窗帘。

房间中央铺一块迷人的丝绒啡色(5)的蓬松地毯，赤脚踩上去很舒服。沙发上放几个淡紫色(3)和白桃色靠垫，显得十分低调。

蜜桃冰激凌

一组美丽的颜色，其灵感来源于经典甜点。

想象一下，一个多汁的水蜜桃被香草冰激凌包裹着，上面撒着榛子薄片。本配色与上述冰激凌一样柔滑，你几乎能品味到它的甜美，可将这甜美的蜜桃色和粉色方案运用于小女孩的卧室。

1

2

3

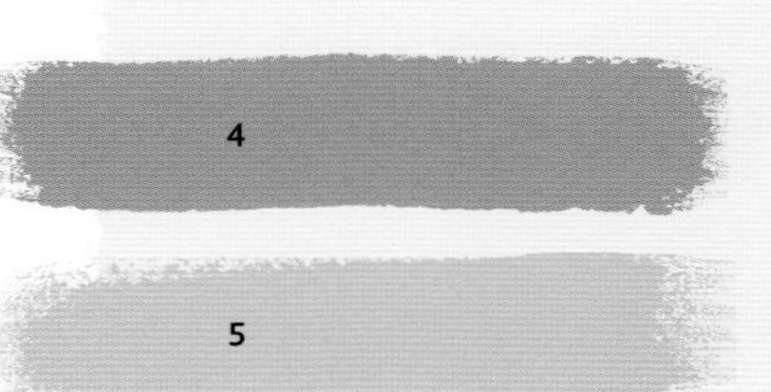

墙面贴上白桃色(1)和草莓牛奶色(5)的壁纸。在兰花色(3)的坐卧两用长椅的上方挂一层蜜桃奶油色(2)的薄纱帐幔，边缘镶有粉红珠子、石头和水晶。

放一组圆花纹或条纹图案的靠垫，颜色可选择淡紫色(4)、草莓牛奶色、蜜桃奶油色和兰花色。

最后，在墙上贴上彩绘的心形图片，挂上珠帘和串灯来装饰。

北极光

作为所有中性色的原色，奶油色用途广泛，它淡雅、明亮又清新，同时也温暖、热情。斯堪的纳维亚的大多数室内设计简约又精致。这部分的灵感来自斯堪的纳维亚的设计和它的美景。

瑞典现代风格

瑞典设计以天然材料（主要是木材）制作的现代家具而闻名，它们美丽、高贵并颇具功能性。本方案从这种风格中汲取灵感，结合简单的配色，从而得到惊人的效果。

本方案特别适用于开放式空间。

将墙壁刷成浅亚麻金色(1)。可以选择白色(2)和乡村白色(3)相间的简约条纹窗帘或遮光帘。挑选造型简单的现代式黑色(5)皮沙发。

摆一些柚木色(4)的瑞典古董或现代装饰，使设计与众不同。

注意装饰品不要放太多，只需一套灯具和一个设计精美的玻璃或陶瓷物件即可。

淡雅气氛

在家中重现斯堪的纳维亚乡村风格的设计。

斯堪的纳维亚风格的特色是漂白木材、白色家具和花卉纺织品，很有家庭自制的感觉。但要注意，如果摆放的东西过多，会显得有些做作，所以要谨慎地使用颜色。本配色适用于餐厅。

1

2

3

4

5

将墙壁刷成浅亚麻金色(1)。窗饰选择漂亮的北欧奶油色(4)的精致面料。

木椅和桌子刷成浅乳白色(5)，并放上灰白色(2)坐垫。

如果有开放式壁炉，选用简约的浅乳白色壁炉架，旁边整齐地堆放一些干柴。

添一些深天蓝色(3)和灰白色的陶瓷制品以及长蜡烛作为装饰品。

近岸色彩

斯堪的纳维亚人极喜欢在海边度假屋的设计中使用漂白木材和其他天然材质。大多数海边房屋都配有开放式生活空间。为了防止空间显得过于冷清空旷，可将墙壁刷成沙色(1)，其他地方选用瑞典亚麻色(2)。

斯堪的纳维亚色彩是海滨房屋或乡村小屋的完美之选。

1

2

3

4

5

选择木色(4)或白黏土色(5)的瑞典风格或夏克尔风格再生家具。

在木地板上铺上质地不同的小地毯，营造温柔的感觉，颜色可选用白丁香色(3)，不仅能带来愉悦的视觉感受，也能带来令人舒适的触觉。

为了使设计更完美，可在防风灯里放上蜡烛，底部铺一层沙。客厅里放上大量柔软的披巾，客人们可以在太阳下山后来取暖。

古斯塔夫风格

瑞典古斯塔夫风格家具优雅又简约，既复古也有现代感，本组配色也是如此。在卧室里放一把优雅的瑞典亚麻色古斯塔夫式躺椅，打造梦幻感。

简单的色彩搭配和设计，适合卧室。

1

2

3

4

5

将沙色(1)作为底色，用于抛光木地板或拼花地板，在淡色的衬托下，地面会显得十分漂亮。

房间中央挂一盏古色古香的浅绿色(5)枝形吊灯，增添一丝魅力。

可以选用浅褐色(3)、绿色(4)和瑞典亚麻色(2)的纺织品，可以是格子、条纹或平纹的天然亚麻或棉布织物。层层叠加的面料会使房间变得舒适温馨。

充满质感的颜色

当运用基本色或中性色配色时，你会很容易觉得设计太过平淡，这时可以加入一些有质感的物品来调和，如金属、木材、棉布、亚麻或天然石材，并随心所欲地搭配使用。

本方案教你如何充分利用肌理。

1

2

3

4

5

将客厅的墙壁刷成仿麂皮色(1)，家具刷成白色(3)并装上暗钢灰色(4)把手。

选用有质感的北欧奶油色(2)沙发，房间中央放一块北欧蓝色(5)小地毯。

添一些精致的装饰品，如造型特别的北欧蓝色花瓶或灯具，挂几个颜色不同的木制相框，放几个装有钢灰色小羊皮罩布的脚凳，再添几个水晶烛台。

斯堪的纳维亚魅力

尽管斯堪的纳维亚设计风格通常都比较低调淡雅，以白色或其他中性色为底色，但设计师也在努力创造温暖热情的设计。想象一下，你面对着一个噼啪作响的巨大火炉，它正在源源不断地散发出热量，让你觉得温暖又舒服。

本配色让你想起面对火炉柔光时的轻松之感。

1

2

3

4

5

为了在室内重现这种感觉，将温暖的黄色调中性色运用于房间，墙壁刷成仿麂皮色(1)。

温暖的米黄色(2)很适合用于面料，配上有活力的灯光色(3)和浅柠檬色(4)靠垫。

若要营造岁月感，挑选橡木色(5)的橱柜和边桌，并放上一些有着学术气息且有趣的物件，如大书柜、旧地图或旧地球仪。

水晶灯

当光线投射到水晶上时，就会出现一道漂亮的彩虹。本方案灵感便来源于此。充分利用可以反光的颜色和大量的镜子，来打造明亮宽敞的浴室。

一组冷色调配色，能最大限度地利用光线。

1

2

3

4

5

地面和墙面都使用粉米色(1)的天然石材，其余墙壁刷薄纱色(3)，这样房间显得明亮、宽敞又清新。

家具和卫浴器具选用纯净的白色(2)。

为了使房间更明亮，在墙上装一组时尚镜子和古董镜子，镶上银灰色(4)镜框。添一些冰蓝色(5)和银灰色的毛巾和装饰品。

暖光流泻

在女孩的卧室里使用传统的斯堪的纳维亚民间配色，可以增添暖意、热情和家的感觉。让我们回到那充满羊毛披肩、动物木雕、针织泰迪熊和老式钉板的时代。

一组有趣的民族风配色，可以引起孩子们的兴趣。

墙壁刷成粉米色(1)。家具使用白色(4)。

挑一张黑色(5)的铁艺床，床上放几个粉米色和暗红色(2)、白色和浅蓝色(3)相间的条纹靠垫。由于靠垫颜色丰富，床单和枕套选用朴素简单的浅蓝色即可。

房间的角落里放一把小木椅，选用清雅柔和的花卉图案坐垫，窗饰也选用同款面料。

牛奶与蜂蜜

蜂蜜色是一种极好的暖色调中性色，它所具有的黄色调适用于很多房间且能为房间注入暖意。大多数人在装修厨房时会选用该色，不过并不适用于餐厅。蜂蜜色配上木色系和白色涂料家具，效果很棒。

在餐厅中使用更淡、更明亮的配色方案。

1

2

3

4

5

在漂白木色(3)的木地板上放一张白色(2)的大搁板餐桌，搭配蜂蜜色(1)的墙面，非常漂亮。

放上几把浅白色(4)的大小形状各异的椅子。餐桌上放一对水晶烛台作为装饰。

在锻铁窗帘杆上挂一幅浅白色窗帘。为了给房间注入一丝鲜亮的色彩，在椅子上放置暗红色(5)坐垫。

甜蜜惊喜

本配色灵感来源于一罐甜甜的黏稠的金黄色蜂蜜。这种温暖的金黄色能使人平静放松，适用于任何房间，尤其是育儿室，因为随着孩子的成长，这种颜色依旧适用。

可以将蜂蜜色作为一款浓重、温暖的底色。

1

2

3

4

5

将墙面刷成蜂蜜色(1)。为了重现传统斯堪的纳维亚风格，选用纯白色(5)家具。

房间一角放上一把舒适的扶手椅，盖上暗橙色(2)盖布，上面放一个紫灰褐色(4)的靠垫，坐着会很舒服。

房间中央装一盏淡紫色(3)布艺灯具，透过灯罩的光线柔和又温暖。在墙上挂一些简单的动物图案的印刷品，配上纯白色画框。

粗糙边缘

如果你想在浴室或门厅使用天然石材，颜色的选择范围相当广。如果你想要流线型和平滑感，可挑选直角无缝瓷砖；如果你想要打造乡村风格，则可选择边缘凹凸不平的石材。

粗糙的边缘和天然的色彩，打造出乡村风格。

1

2

3

4

5

在大型门厅中，地面可以使用奶油色(1)的大瓷砖。

楼梯上铺蘑菇色(5)和烟灰色(2)的条纹地毯，墙壁刷成浅银桦色(3)，再挂上华丽的北欧奶油色(4)落地窗帘。

浴室里的卫浴用具选用北欧奶油色，墙壁刷成浅银桦色或贴上该色瓷砖，配上蘑菇色地面，效果很棒。

傍晚的暖意

有时，房间里的生活气息会营造出迷人的氛围。

如果你喜欢做旧风格的雅致，可以试着将漂亮的中性色花饰配上一把旧皮革扶手椅、毛茸茸的小地毯和手工编织的靠垫，这些颜色搭配有质感的物件能让房间舒适温馨。

1

2

3

4

5

将主墙刷成奶油色(1)。给一把旧扶手椅装上热巧克力色(4)的皮革面。

选用有着花卉图案的天然亚麻靠枕，颜色可选用淡奶油色(2)和漂白太阳色(5)。

木制品和壁炉都刷成亚麻色(3)。房间里挂一些相框并放几株盆栽。选用不同大小、形状和颜色的装饰品。

寻找光明

如果你想让处于地下的卧室或工作室显得更加明亮宽敞，试着通过镜子来最大限度地利用光线。镜子能反射光线，使房间看上去更大，不过地下室的天花板通常过低，需要装一些射灯或壁灯。

本方案能使地下室显得更宽敞明亮。

1

2

3

4

5

将墙壁刷成象牙色(1)，木制品刷成与象牙色相近的白色(2)。为窗户挂上棉布色(4)的窗帘或遮光帘。

家具罩布主要选择冰色(3)和烟灰色(5)，注意家具的数量，不要超出空间的区域。

在合适的地方挂几面镜子，能映出窗外的景色并能把自然光反射到房间内的各个角落。此外，再放一些容易照料的绿色植物，为房间增添一抹生机。

宁静的黄昏

一组柔和微妙的淡色方案，营造宁静的氛围。

营造一个安静的环境放松自己，欣赏最后一道阳光从窗户透入的美景。在视野最佳的地方——也许是楼梯平台或卧室一角，放一把熟铁色(4)坐卧两用长椅并放上几个不同大小的靠垫。

为了确保坐卧两用的长椅是房间的焦点，可以将周围的墙壁刷成象牙色(1)。地板刷成暗石色(3)。

选用有珍珠母纽扣的粉色(5)亚麻编织靠垫，或淡紫色(2)的斑点小羊皮靠垫，也可选择有水晶扣的象牙色丝绸靠垫，来为坐卧两用的长椅增添一份质感。

在坐卧两用长椅附近放一个书架或杂志架，充分利用空间。

北欧色彩

北欧的色彩温和低调，因此，很适合用于传统设计中的一些细节部分，如有着雅致檐口的大理石壁炉。这种淡雅的配色用途广泛，你也可以在设计中注入你自己的风格。

一组由北欧色彩组成的巧妙配色，适用于正式会客厅。

1

2

3

5

将墙壁刷成温暖的北欧奶油色(1)，配上白色(5)的地面。

挑选深橡木色(4)的古董家具并配上水磨色(2)的饰面。摆一些从旧货市场淘来的小物件，如木雕像、花瓶或面具。

添一些纯棉或丝绸质地的软装饰品来增加房间的质感，颜色选择北欧奶油色和石灰白色(3)。

自然纹理

本方案简约又稳重，适用于现代公寓或开放式公寓。将柔和的北欧奶油色配上浓重的强调色，把朴素的摩登风格融入现代厨房中。

用稳重、高雅的配色，打造现代感的厨房。

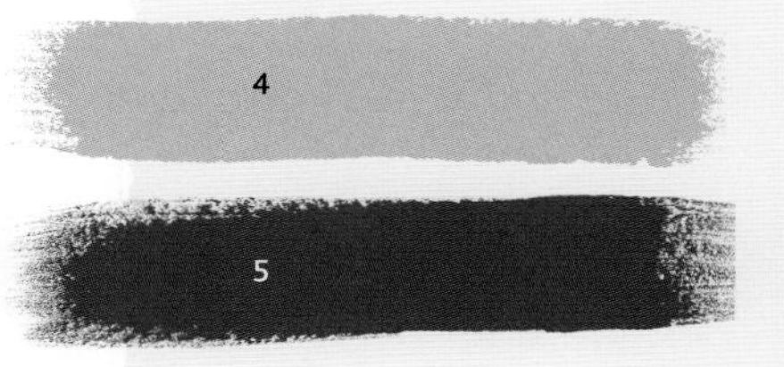

把北欧奶油色(1)作为房间的主色，选用明亮的铬色(4)家用电器和五金件。

选用黑色(2)皮革餐椅，椅脚可漆成铬色。厨房套件选择浅象牙色(3)，配上黑花岗岩操作台面。

挂上简洁的橄榄绿色(5)卷帘或罗马帘。墙上挂一些同色的抽象艺术品，可为此方案注入一丝活力。

白色的温度

想象一下，雪花穿过最后一道阳光，从淡黄色变成极浅的粉红色，给冰冷的空气带来一丝暖意。白色既性感又干净。在每个配色方案中挑出最纯净的白色调进行对比，并运用它来搭配其他中性色。有时候改变一点点细微的色调，就能影响一个空间的整体氛围。

温和的白色

清新、轻盈、清爽的中性色调能打造出全年都适用的夏日风格。灰冰色是一种现代色调，以它为底色，配上柠檬色和石灰色，淡雅的现代配色方案能使房间显得宽敞明亮。

选用清新的中性色，打造出安静、舒适的室内环境。

1

2

3

4

5

本方案适用于开放式厨房餐厅，将墙壁刷成灰冰色(1)，配上石灰白色(2)的厨房用具。

大理石操作台面选择简单、干净的灰白色(3)，若想让用餐和就座区域成为焦点，就把一面墙刷成淡柠檬色(4)。

给未上漆的夏克尔风格家具刷上天然橡木色(5)，保持整体设计的清新明亮。

硬朗的设计风格

简单的背景能使小房间看上去更宽敞，当空间有限时，选择家具就要花点心思。家具的实用性很重要，不要放太多物件。海军蓝色适用于工作室公寓或临时住处，将其运用于设计中，营造硬朗的风格。

中性色与较深的强调色结合，打造时髦风格。

墙壁可以刷成灰冰色(1)，地面铺上温暖的淡褐色(3)地毯。

若想让房间看上去时髦高雅，选用海军蓝色(2)的沙发，放上一些风格简约的淡褐色和纯白色(4)纯棉靠垫。

墙上挂上黑白图案的大幅装饰品，配上炭黑色(5)的相框。

粉与灰的邂逅

粉红色温暖诱人，配上灰色系更时髦别致。若想为传统的粉色系少女卧室增添现代感，可将暖色调的灰白色系搭配暗粉红色系。

粉色系和灰色系的完美搭配。

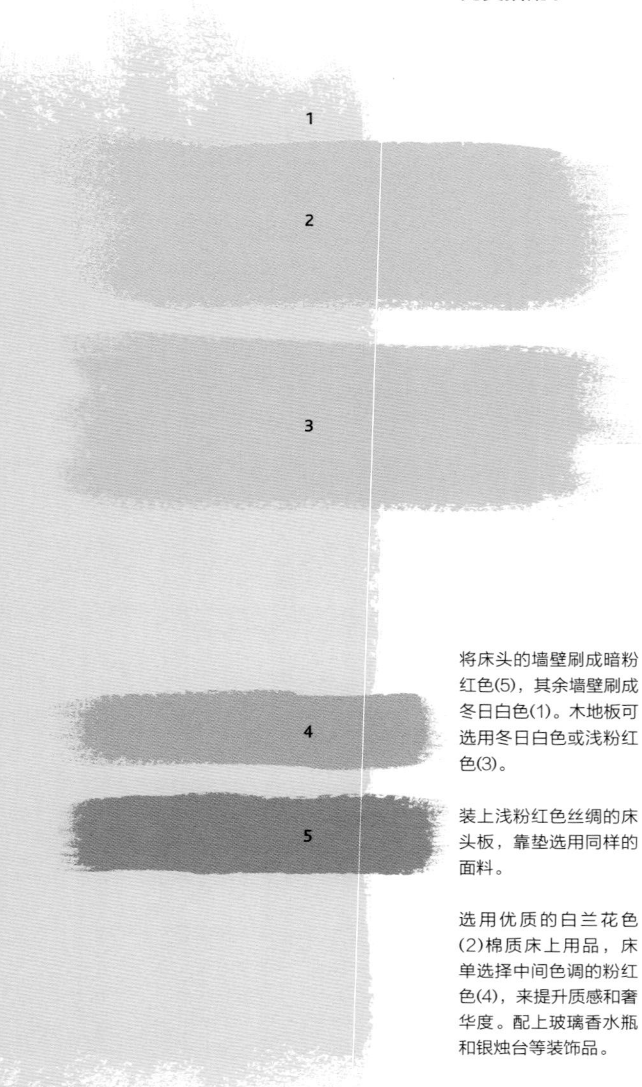

将床头的墙壁刷成暗粉红色(5)，其余墙壁刷成冬日白色(1)。木地板可选用冬日白色或浅粉红色(3)。

装上浅粉红色丝绸的床头板，靠垫选用同样的面料。

选用优质的白兰花色(2)棉质床上用品，床单选择中间色调的粉红色(4)，来提升质感和奢华度。配上玻璃香水瓶和银烛台等装饰品。

天然石材

浴室看起来应当干净、清新、明亮。如果房间内没有充足的自然光，就需要运用设计来利用光线。运用天然石材和中性白色是最简单又有效的方法，来打造一个明亮通风的现代浴室。

用基本色和天然材料打造精致浴室。

1

2

3

4

5

选用冬日白色(1)的大理石墙砖，其余墙面刷成纯白色(2)。

为了给房间注入一丝暖意，铺上橡木色(4)木地板，安装同色的独立式水槽装置。

在最大的一面墙上挂一面橡木色边框的镜子，充分利用光线。搭配蜜桃象牙色(3)、纯白色和淡灰绿色(5)的毛巾。

一抹亮色

有一个好方法，能让中性色方案变得既有趣又适合家庭生活——注入一些明亮、大胆的色彩。如果你想让房间的风格随着季节的变化而变化，本方案是理想之选，因为你可以根据季节的不同来混搭靠垫和装饰品。

用鲜艳的色彩打造中性风厨房。

1

2

3

4

5

将厨房或餐厅的墙壁刷成胭红色(1)，选用纯白色(2)的亮面厨房用具。地面铺上耐磨的海草地毯或天然石色(3)地砖。

现在为设计增添一丝趣味。椅子靠垫选择紫红色(4)和豌豆绿色(5)，并配上同样色调的陶瓷花瓶和盘子。最后，在墙上挂上你最喜欢的儿童画，打造一个非正式的画廊。

淡雅的中性色

增加质感和趣味，打造温暖舒适的中性风客厅。

选用一系列天然面料，如羊毛、棉花、亚麻和丝绸，作为一系列家具和软装饰品的面料。如果你的房间有壁炉，将这些面料放在壁炉周围，使它成为房间的焦点，打造温馨舒适的氛围。

1

2

3

4

5

壁炉可以漆成白奶油色(2)。墙壁刷成腮红色(1)或贴上该色墙纸。

地面铺上浅灰褐色(3)的毛绒地毯，看起来和踩上去都很舒服。沙发和椅子选择鼠灰色(4)和灰黏土色(5)。

窗帘选择白奶油色或鼠灰色，在沙发扶手上放一些漂亮的腮红色马海毛披巾，可在寒冷的冬夜用来保暖。

一组粉红色

本方案同时运用了亮色和暗色，将淡雅的中性色配上鲜亮的暗色，这样的搭配具有意想不到的戏剧性效果，适合现代客厅。

本配色着重于对比的效果。

1

2

3

4

5

若想打造一个漂亮的日式风格的房间，选一对乳酪色(3)沙发，使其成为焦点，选择天鹅绒或丝绸作为绲边，或选用编织棉布保持清新感。

地面铺上灰色(4)的地毯，墙壁可刷成玫瑰白色(1)，再配上奶油色的家具。

摆上赤黑色(5)的东方风格的暗色木制或漆制家具和白色(2)或赤黑色的装饰品。

摩登风格

墙纸重新开始流行，这也是本方案的重点。可把墙纸想象成一幅大图画，当你找到心仪的设计，便永远都不会感到厌倦。如果你是一个有艺术细胞的人，不如自己设计一款墙纸。

现代和复古风格的巧妙结合。

选一款出众的玫瑰白色(1)和灰黏土色(5)墙纸，用于客厅或餐厅的特色墙。其余墙壁刷成白黏土色(4)，地板颜色也要保持淡雅，以免太过夸张。

选择赤黑色(2)的现代或复古风家具和灯具，并缀有铬色(3)细节。在客厅中，放上一张灰黏土色的沙发，再配上玫瑰白色靠垫，十分漂亮。

春之白

安静的颜色让人头脑清晰，也能打造令人放松的睡眠空间。不要在客房里放太多东西，从实际出发考虑一下客人除了床之外需要的东西，如梳妆台、储物柜、衣架或镜子。

借鉴春天的颜色，打造出热情风格的客房。

1

2

3

4

5

地板选用明亮的天然棉花色(1)，家具也选用同色。墙壁刷成柠檬白色(2)，明亮的白色系可以反射光线，使房间显得更宽敞。

为了营造现代感，将华丽的镜框漆成暖石色(4)，衬着柠檬白色的墙壁，非常漂亮。

挂上沙石色(3)和玫瑰石色(5)的罗马帘，来增添一抹亮色；梳妆台上放上插有新鲜玫瑰的花瓶。

巧克力松露

一组柔和的巧克力色调，打造完美的门厅。

像天鹅绒般丝滑的巧克力色调低调且随和，同时又温暖、优雅。本方案中，它们被用作柔和微妙的淡色，不失热情且令人愉悦。这些颜色的适用范围很广，是门厅的完美之选。

1

2

3

4

5

将门厅墙壁贴上天然棉花色(1)和巧克力牛奶色(3)的条纹壁纸，经典又优雅。

选用深色踢脚板，所有木制品和楼梯刷成纯白色(4)。铺上深黏土色(5)地毯，提升房间的视觉高度，吸引你和访客们的目光。

配上紫松露色(2)和天然棉花色的织物，添置一些灯笼或枝形吊灯来提升吸引力。

复古现代风

如果想打造一个凉爽、极简主义的客厅，可使用以下柔和的色调，配上独一无二的装饰品或复古家具，尽量别使用小摆设，避免杂物藏入流线型现代家具中。

从复古风中汲取灵感，新旧结合。

1

2

4

5

将墙面刷成蛋壳色(1)，放一把漂亮的古铜色(3)躺椅来增添优雅感和造型感。为了衬托古铜色的复古感，放上几个柑橘白色(2)和冰蓝色(5)的丝绸或棉质软垫。

无论是铺木地板或地毯，都可以选择浅蛋壳色。

用纯白色(4)高光泽饰面的门和橱柜来储藏物品。

暖白色

白色是世界上最流行的涂料色，同时它也是最复杂的颜色，因为它的色调有数百种变化。本方案中的暖白色调适用于一个兼具双重功能的房间，如兼作餐厅的书房。

白色系中的暖色调适用于任何环境。

1

2

3

可在用餐区域贴上蛋壳色(1)和石白色(2)的墙纸，其余墙面刷成蛋壳色。这些浅色可使空间显得更宽敞，壁纸的质感会表现出色彩的变化。

4

5

选用耐磨的深黏土色(4)剑麻地板。用餐区域挂上吸人眼球的落地窗帘，书房则挂一幅简约的浅鸢尾紫色(3)和白巧克力色(5)罗马帘，在划分区域的同时也保持了设计的整体感和统一感。

不寻常的搭配

若想打造中性、安静的生活空间，不必拘泥于纯白色或灰白色。所谓的最佳设计是通过不寻常的搭配来创造奇特的惊喜，从而完成的一个完美的方案。

醒目的强调色搭配上几乎全白的室内装饰。

1

2

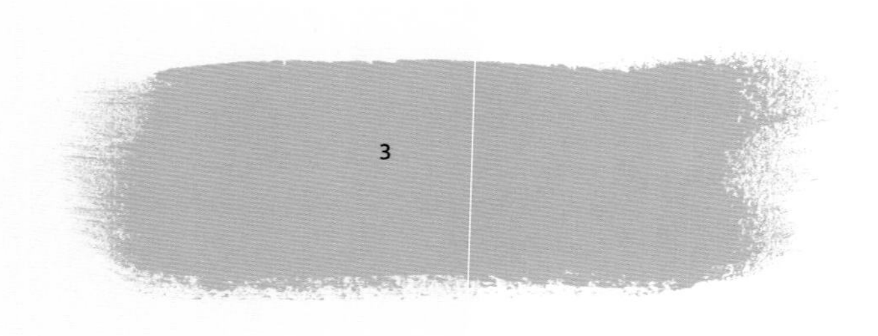

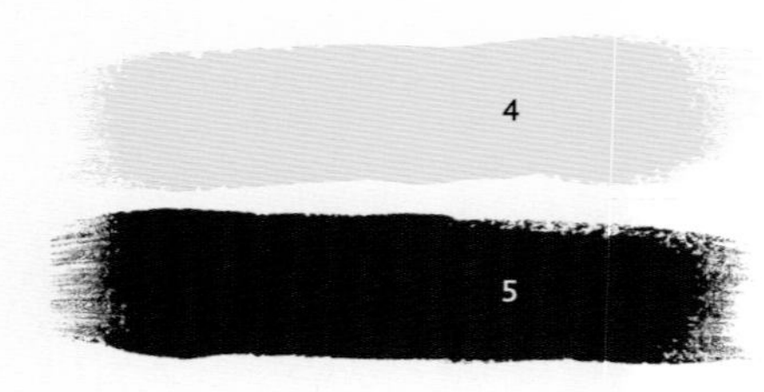

墙壁可以刷成浅象牙色(1)；所有木制品和天花板刷成纯白色(2)。在赤黑色(5)的粗窗帘杆上，挂上香草灰褐色(3)的厚棉布窗帘。

挑一把独特的椅子并铺上毛茛色(4)罩布，为配色注入一丝明亮和生机，但整体颜色还应该以浅色和中性色为主。

其他家具选用赤黑色。

清新蓝

作为大海和天空的颜色，蓝色是大自然的颜色。不同深浅的蓝色都很漂亮，使人感觉凉爽、镇定，因此是卧室的理想之选。本搭配方案中淡雅、清新的蓝色适用于所有房间。

本配色利用了蓝色轻松宁静的特质。

1

2

3

4

5

在传统卧室中，若想使用护墙板，但又不想让房间看上去被一分为二，可以试着将护墙板下方的墙面刷成浅象牙色(1)，上方的墙面刷成蓝绿色调，如水绿色(2)。

地面铺上时髦的暖灰色(5)地毯或耐磨的剑麻地板。再摆一些纯白色(3)的家具和装饰品，来营造简约的斯堪的纳维亚风格。

最后，可以再配上水绿色和灰蓝色(4)的靠垫和小地毯。

优雅白

虽然纯白色并不适用于家庭环境，但在室内设计中却很流行。在大多数情况下，纯白色仅被用于天花板和木制品，但为什么不试试打破常规，把它用于墙壁和建筑细节上呢？

还有什么颜色能比纯白色更干净、更精致呢？

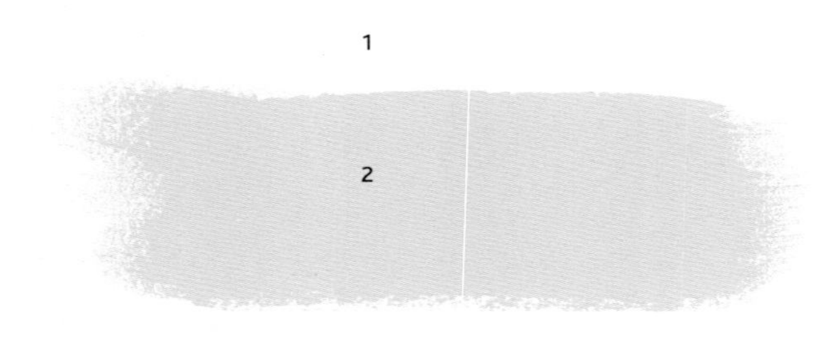

3

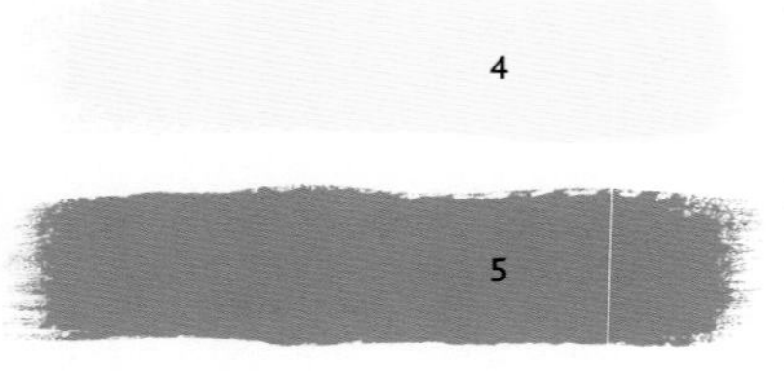

将所有墙面、踢脚板和大部分家具刷成纯白色(1)。

由于白色地毯非常少见，所以不妨选择灰白色(3)地毯。

白色是极端的中性色，所以和任何其他颜色都很搭。挑选一些有特色的物件来装饰，如沙色(2)橡木椅、棕色(5)脚凳或奶油色(4)花瓶，你可以随心所欲地挑选色彩和纹理。

中西合璧

以东方风格为灵感的基础款方案。

长期以来，很多卧室和客厅的设计都受到东方风格的影响。将纯白色的底色配上自然中性色和暗木色，来创造独一无二的东方风格，优雅大方，适用于任何房间。

1

2

3

在客厅的黑胡桃木色(5)窗帘杆上挂上浅鹅卵石灰色(3)窗帘，与纯白色(1)墙壁相对。

面对面地放一对凝奶油色(2)沙发，沙发上对称地放上深褐色(4)靠垫。

地面铺上木地板或地毯，用一块有凝奶油色镶边的深褐色地毯划分就座区域。

配上有凝奶油色灯罩的超大深色木制灯具，成对地放置两个深色落地花瓶。

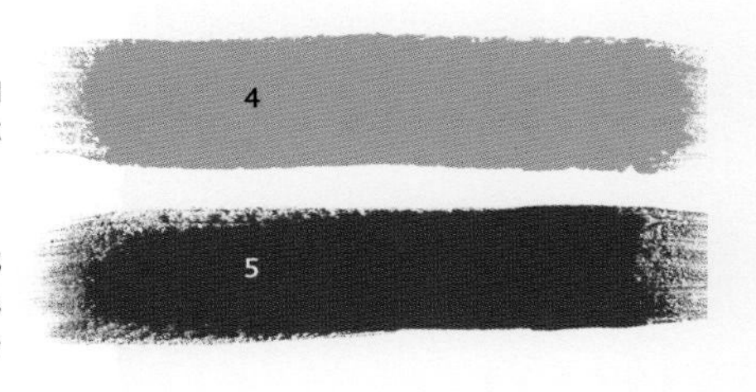

淡色调与材质

在传统环境中，将柔和的色调用于织物、墙纸和室内装潢，效果非常好。这些柔和的色调搭配粗花呢、亚麻、印花布和壁纸，整体效果也同样令人惊艳。

一组精致的颜色，适用于门厅。

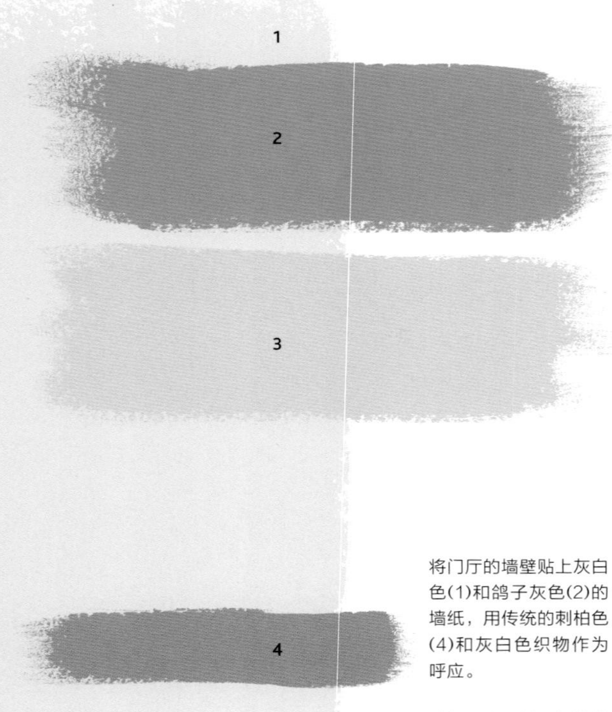

将门厅的墙壁贴上灰白色(1)和鸽子灰色(2)的墙纸，用传统的刺柏色(4)和灰白色织物作为呼应。

选择一个区域，如楼梯上方，装上白棉布色(3)的墙板。

将旧柜子或桌子漆成珍珠色(5)，放置一对有典雅印花布灯罩的台灯。如果空间充足，不妨给休闲椅盖上刺柏色(4)盖布。

低调的奢华

亮色与暗色搭配，打造时髦的厨房。

厨房通常是家庭的核心，随着人们在厨房里度过的时间越来越多，在设计厨房时就需深思熟虑。如果厨房是开放式的，则需要思考巧妙的储物方式并挑选漂亮的装饰品。

把墙壁刷成简单的灰白色(1)，作为底色。

厨房用具可以选择氧化绿色(2)和镍色(3)，若想突出镍色，也可选用该色的玻璃厨柜。操作台面要保持明亮、时髦、干净，纯白色(4)是最佳选择。

最后，添一些华丽的浅海蓝宝石色(5)装饰品，一间时髦现代的厨房就完成了。

温暖的腮红色

如果你足够幸运，有一个大的开放式空间，并想营造豪华感，可将水果红色系、浆果色系和温暖的白色系配上古老的金属色。本方案适用于露天厨房，每个角落都可以变得舒适、实用。

水嫩的腮红色会满足你的需求。

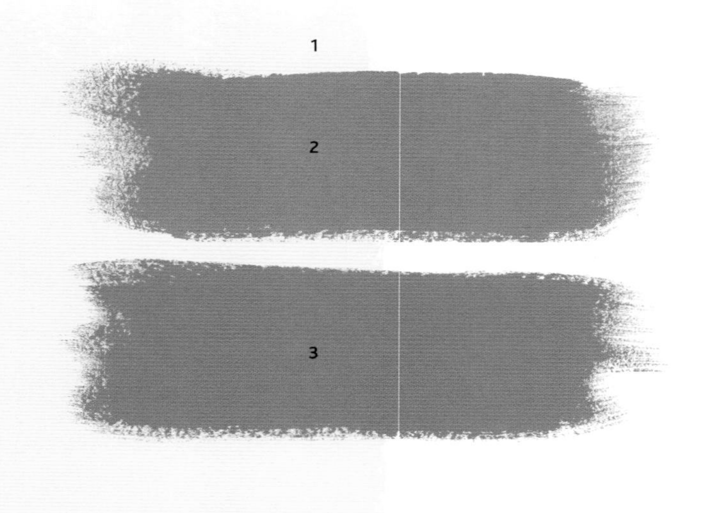

为了最大限度地利用狭小的空间，可定制一些固定座位，并把座位下方做成储物抽屉或橱柜。墙壁刷成杏仁白色(1)，座位采用醒目的茄子色(5)，储物空间与墙壁同色，与背景相融合，不会显得突兀。选用古金色(2)和青灰色(3)的靠垫、花瓶、图片和相框来装饰。最后，添一些深胡桃木色(4)的小家具和装饰品，如茶几或书架。

百搭的白色系

现在，越来越多的人选择在家里工作，所以有必要把某个房间或区域打造成实用的工作空间。任何地点都可以改造，无论是车库、改装过的卧室，还是楼梯下的一个大橱柜，但在设计时要选用充满活力、令人放松的颜色。

平静的颜色能为工作空间注入活力。

1

2

3

4

5

绿色与中性色的搭配清新有趣，不仅和谐，而且能使房间显得明亮。将家具都刷成杏仁白色(1)，墙壁可以刷成浅棕奶油色(2)，所有木制品都刷成纯白色(4)。如果房间内没有充足的自然光，不妨添一盏造型奇特的台灯。放几个明亮的苔藓黄色(3)文件夹或文件盒，为房间增添一抹亮色。最后，选用橙灰褐色(5)的家具面料、窗帘和遮光帘。